机械制造与自动化应用探析

李春芳 相黎阳 刘 敏 著

吉林科学技术出版社

图书在版编目（CIP）数据

机械制造与自动化应用探析 / 李春芳，相黎阳，刘敏著. -- 长春：吉林科学技术出版社，2023.7
ISBN 978-7-5744-0744-2

Ⅰ．①机… Ⅱ．①李… ②相… ③刘… Ⅲ．①机械制造—自动化技术—研究 Ⅳ．①TH164

中国国家版本馆 CIP 数据核字（2023）第 152228 号

机械制造与自动化应用探析

著	李春芳　相黎阳　刘　敏
出 版 人	宛　霞
责任编辑	张伟泽
封面设计	金熙腾达
制　　版	金熙腾达
幅面尺寸	185mm×260mm
开　　本	16
字　　数	297 千字
印　　张	13
印　　数	1–1500 册
版　　次	2023年7月第1版
印　　次	2024年2月第1次印刷

出　　版	吉林科学技术出版社
发　　行	吉林科学技术出版社
地　　址	长春市福祉大路5788号
邮　　编	130118
发行部电话/传真	0431-81629529 81629530 81629531
	81629532 81629533 81629534
储运部电话	0431-86059116
编辑部电话	0431-81629518
印　　刷	三河市嵩川印刷有限公司

书　　号	ISBN 978-7-5744-0744-2
定　　价	80.00元

前　言

随着科学技术的不断进步，机械制造技术的水平在不断提高，特别是我国加入 WTO 以后，国内机械加工行业和电子技术行业得到快速发展。国内机电技术的革新和产业结构的调整成为一种发展趋势。机械制造业的先进与否标志着一个国家的经济发展水平的高低。在众多国家尤其是发达国家中，机械制造业在国民经济中占有十分重要的地位。近年来，机械制造技术发展迅速，尤其是将计算机技术和信息技术引入制造领域所带来的巨大影响，使制造自动化的概念和自动化技术延伸的深度与广度都大有变化，企业的生产经营方式发生了重大变革。

当前，在经济全球化的进程中，制造技术不断汲取计算机、信息、自动化、材料、生物及现代管理技术的研究与应用成果并与之融合，使传统意义上的制造技术有了质的飞跃，形成了先进制造技术的新体系，有利于从总体上提升制造企业对动态和不可预测市场环境的适应能力和竞争能力，实现优质高效、低耗、敏捷和绿色制造。因此，我国制造业要想在激烈的国际市场竞争中求得生存和发展，必须掌握和科学运用最先进的制造技术，这就要求培养一大批满足制造业发展需要、掌握先进制造技术，具有科学思维和创新意识以及工程实践能力的高素质专业人才。

机械制造业的先进与否标志着一个国家的经济发展水平的高低。制造自动化更是人类在长期的生产活动中不断追求的主要目标之一。本书是机械制造方向的著作，主要研究机械制造与自动化应用，从机械制造工程基础介绍入手，针对机械的多种典型加工工艺进行了分析研究，并对机械加工精度控制做了探讨；探讨了机械加工制造能效提升的原理与系统应用；深入研究了自动化控制技术，并阐述了自动化技术的主要应用；对工业机器人做出了机械制造智能化的延伸。本书内容详尽、逻辑清晰、层层递进，对机械制造与自动化技术的应用创新有一定的借鉴意义。

在本书的写作过程中，由于作者水平所限，书中难免存在错误和不足，恳请读者批评指正。

目　录

第一章　机械制造工程基础

第一节　机械制造概述

一、机械制造与制造业

（一）机械制造的含义

机械是现代社会进行生产和服务的六大要素（人、资金、能量、信息、材料和机械）之一，并且能量和材料的生产还必须有机械的直接参与。机械就是机器设备和工具的总称，它贯穿于现代社会的各行各业、各个角落，任何现代产业和工程领域都需要应用机械。例如，农民种地要靠农业工具和农机，纺纱需要纺织机械，压缩饼干、面包等食品需要食品机械，炼钢需要炼钢设备，发电需要发电机械，交通运输业需要各种车辆、船舶、飞机等；各种商品的计量、包装、存储、装卸需要各种相应的工作机械，就连人们的日常生活，也离不开各种各样的机械，如汽车、手机、照相机、电冰箱、钟表、洗衣机、吸尘器、多功能按摩器、跑步机、电视机、计算机等。总之，现代社会进行生产和服务的各行各业都需要各种各样不同功能的机械，人们与机械须臾不可分离。

大家都知道，而且也都能够体会到上述各行各业的各种不同机械和工具的重要性。但这些机械是哪里来的？当然不是从天上掉下来的，而是依靠人们的聪明才智制造生产出来的。"机械制造"也就是"制造机械"，这就是制造的最根本的任务。因此，广义的机械制造含义就是围绕机械的产出所涉及的一切活动，即利用制造资源（设计方法、工艺、设备、工具和人力等）将材料"转变"成具有一定功能的、能够为人类服务的有用物品的全过程和一切活动。显然，"机械制造"是一个很大的概念，是一门内容广泛的知识学科和技术，而传统的机械制造则泛指机械零件和零件毛坯的金属切削加工（车、铣、刨、磨、钻、镗、线切割等加工）、无切削加工（铸造、锻压、焊接、热处理、冲压成型、挤压成型、激光加工、超声波加工、电化学加工等）和零件的装配成机。

制造业是将制造资源（物料、能源、设备、工具、资金、技术、信息、人力等），通过一定的制造方法和生产过程，转化为可供人们使用和利用的工业品与生活消费品的行业，是国民经济和综合国力的支柱产业。

制造系统是制造业的基本组成实体，是制造过程及其所涉及的硬件、软件和人员组成的一个将制造资源转变为产品的有机整体。

机械是制造出来的，由于各行各业的机械设备不同、种类繁多，因此机械制造的涉及面非常广，冶金、建筑、水利、机械、电子、信息、运载和农业等各个行业都要有制造业的支持，冶金行业需要冶炼、轧制设备；建筑行业需要塔吊、挖掘机和推土机等工程机械。制造业在我国一直占据重要地位，在 20 世纪 50 年代，机械工业就分为通用、核能、航空、电子、兵器、船舶、航天和农业等八个部门。进入 21 世纪，世界正在发生极其广泛和深刻的变化，随之机械制造业也发生了翻天覆地的变化。但是，不管如何变化，机械制造业一直是国民经济的基础产业，它的发展直接影响到国民经济各部门的发展。

（二）机械制造生产过程

在机械制造厂，产品由原材料到成品之间的全部劳动过程称为生产过程。它包括原材料的运输和存储、生产准备工作、毛坯的制造、零件的加工与热处理、部件和整机的装配、机器的检验调试以及油漆和包装等。一个工厂的生产过程，又可分为各个车间的生产过程。一个车间生产的成品，往往又是另一车间的原材料。例如，铸造车间的成品（铸件）就是机械加工车间的"毛坯"，而机械加工车间的成品又是装配车间的原材料。

在机器的生产过程中，直接改变毛坯的形状、尺寸和材料性能使其成为成品或半成品的过程称为工艺过程。它包括毛坯的制造、热处理、机械加工和产品的装配。把工艺过程的有关内容用文字以表格的形式写成工艺文件，称为机械加工工艺规程，简称为工艺规程。

由原材料经浇铸、锻造、冲压或焊接而成为铸件、锻件、冲压件或焊接件的过程，分别称为铸造、锻造、冲压或焊接工艺过程。将铸、锻件毛坯或钢材经机械加工方法，改变它们的形状、尺寸、表面质量，使其成为合格零件的过程，称为机械加工工艺过程。在热处理车间，对机器零件的半成品通过各种热处理方法，直接改变它们的材料性质的过程，称为热处理工艺过程。最后，将合格的机器零件、外购件和标准件装配成组件、部件和机器的过程，则称为装配工艺过程。

其中，制定机械加工工艺规程在整个生产过程中非常重要。工艺规程不仅是指导生产的主要技术文件，而且是生产、组织和管理工作的基本依据，在新建或扩建工厂或车间时，工艺规程是基本的资料。在制定工艺规程时，须具备产品图纸、生产纲领、现场加工设备及生产条件等这些原始资料，并由生产纲领确定了生产类型和生产组织形式之后，才可着手机械加工工艺规程的制定，其内容和顺序如下：①分析被加工零件。②选择毛坯：制造机械零件的毛坯一般有铸件、锻件、型材、焊接件等。③设计工艺过程：包括划分工艺过程的组成、方法、安排加工顺序和组合工序等；选择定位基准、选择零件表面的加工。④工序设计：包括选择机床和工艺装备、确定加工余量、计算工序尺寸及其公差、确定切削用量及计算工时定额等。⑤编制工艺文件。

（三）机械制造生产类型

在制造过程之前，要根据生产车间的具体情况将零件在计划期间分批投入进行生产。一次投入或生产同一产品（或零件）的数量称为批量。

按生产专业化程度的不同，又可分为单件生产、成批生产和大量生产三种类型。在成批生产中，又可按批量的大小和产品特征分为小批生产、中批生产和大批生产三种。

若生产类型不同，则无论是在生产组织、生产管理、车间机床布置，还是在毛坯制造方法、机床种类、工具、加工或装配方法和工人技术要求等方面均有所不同。为此，制定机器零件的机械加工工艺过程、机械加工工艺的装配工艺过程以及选用机床设备和设计工艺装备都必须考虑不同生产类型的工艺特征，以取得最大经济效益。

（四）机械制造的学科分支

现代社会中任何领域都需要应用机械，机械贯穿于现代社会各行各业、各个角落，其形貌不一，种类繁多，按不同的要求可以有不同的分类方法，如：按功能可分为动力机械、物料搬运机械、包装机械、罐装机械、粉碎机械、金属切削加工机械等；按服务的产业可分为用于农业、林业、畜牧业和渔业的机械，用于矿山、冶金、重工业、轻工业的机械，用于纺织、医疗、环保、化工、建筑、交通运输业的机械以及供家庭与日常生活使用的机械，如洗衣机、钟表、运动器械、食品机械，用于军事国防及航空航天工业的机械等；按工作原理可分为热力机械、流体机械、仿生机械、液压与气动机械等。另外，全部机械的整个制造过程都要经过研究、开发、设计、制造、检测、装配、运用等几个工作性质不同的阶段。因此，相应的机械制造可有多种分支学科体系和分支系统，且有的分支学科系统间互相联系、互相重叠与交叉。分析这种复杂关系，研究机械制造最合理的学科体系划分，有一定的知识意义，但并无大的实用价值。对机械制造的学科划分按其服务的产业较为明朗，但不论哪个行业的机械制造，其共性是主流的，依据行业不同的特点及要求，也有其个性特点。

二、机械制造与国计民生

制造业在众多国家尤其是发达国家的国民经济中占有十分重要的位置，是国民经济的支柱产业。可以说，没有发达的制造业就不可能有国家真正的繁荣和富强。

国民经济各个部门的发展，都离不开先进的机械与装备，如轻工机械、化工机械、电力设备、医疗器械、通信与电子设备、农业机械、食品机械等，就连人们的日常生活也不例外。先进发达的机械制造业为人们提供了优雅舒适的工作、生活和休闲娱乐环境。如自行车、摩托车、汽车、轿车、飞机、轮船等代步交通工具，电话、手机、计算机及网络工具等联络通信工具，冰箱、电视、空调、微波炉等现代生活工具等。没有发达的制造技术，这些现实生活中的可以改善人们生活环境、改造自然、造福人类的先进设备便无从得来。

任何机械，大到船舶、飞机、汽车，小到仪器、仪表，都是由许多零件或部件组成的。以汽车为例，一辆汽车是由车身、发动机、驱动装置、车轮等部分组成，其中每一部分又是由若干个零件或部件构成的。而不同的零部件又需要用不同的材料（包括钢、塑料、橡胶和玻璃等）和不同的加工方法来制造。同样，那些半导体行业的电子元件和大规模集成 IC 器件、晶元芯片等也是人们制造出来的。所有这些都依赖于制造业的发展，因此，机械制造关系着国计民生，国计民生需要机械制造，机械制造在国民经济中具有举足轻重的作用。概括起来，它的主要作用有以下几个方面：

其一，机械制造业是国民经济的物质基础，是强国富民的根本。制造业产品占中国社会物质总产品的一半以上；制造业是解决中国就业问题的主要产业领域，其本身就吸纳了中国一部分的从业人员，同时还有着其他产业无可比拟的带动效应。机械制造的延伸背后就是服务，比如买一辆汽车，专卖店会提供一系列后续服务，创造了很多就业岗位。任何一种机械产品，都需要售后服务，这种延伸出的服务就构成了第三产业的一部分。

其二，制造业是中国实现跨越式发展战略的中坚力量。在工业化过程中，制造业始终是推动经济发展的决定性力量。

其三，机械制造是科学技术的载体和实现创新的舞台。没有机械制造，所谓的科学技术创新就无法体现。信息技术就是以传统产业为载体的，它单独存在发挥不出什么作用。

从历史上看，制造业的发展史就是一部科技发展史的缩影，每一项科技发明都推动了制造业的发展并形成了新的产业。比如计算机的发明，推动了整个工业的发展。以信息技术为代表的高新技术的迅速发展，带动了传统制造业的升级。每一次产业结构的优化升级都是高新技术转化为生产力的结果，可见，高新技术及其产业也是内含于制造业中的。

其四，制造业的发展水平体现了国家的综合实力和国际竞争力。当前，世界面临的最重要的趋势之一是经济全球化，而在经济全球化中，制造业的水平直接决定了一个国家的国际竞争力和在国际分工中的地位，也就决定了这个国家的经济地位。

三、机械制造与国防科技

建立强大的国防，是中国现代化建设的重要战略任务。没有强大的国防做后盾，就不可能赢得应有的国际地位，甚至在政治、经济、外交等方面受制于人。一个具有强大军事力量做后盾的国家才能有强势外交，在国家交往中才不会受人欺侮。依靠科技进步和创新，加快战斗力生成模式的转变，这是贯彻落实科学发展观与推进中国特色军事变革有机结合的关键所在，也是建设信息化军队、打赢信息化战争的必然要求。信息技术深刻地改变着战斗力生成模式。因此，实现国防现代化不容忽视。而实现国防信息化、现代化就必须大力发展国防科技和武器装备技术，机械制造业在其中发挥了不可替代的作用，因为国防制造业提供了各式各样先进的信息化、现代化武器装备。

在诸多现代武器及军械中，相当一部分又是源自对动物的仿生，如当科学家从箭鱼上颌呈长针状受到启发，研制出刺破高速飞行时产生的音障的设备应用于超音速飞机；从鲸的造型开发出潜水艇；从海豚头部气囊产生振动发射超声波遇到目标被反射而研制出声呐等。动物的一些特殊功能也给现代军事装备的研制以启迪。如夜蛾胸腹之间有一对叫作鼓膜器的听觉器官，可以从很强的背景噪声中分辨出蝙蝠发出的超声波，其身上厚密的绒毛还能吸收蝙蝠发射的探测超声波，从而在天敌面前处于"隐身"状态。科学家通过把夜蛾身上绒毛状的材料用于飞机、舰船等装备，大大降低了目标被雷达、红外线和超声波发现的概率。鸽子的视网膜主要由外层的视锥体、中层的双极细胞、后层的神经细胞节以及视顶盖构成，能对亮度、边缘、方向以及运动等产生特殊反应，所以人们称鸽眼为"神目"。科学家通过模仿研制出鸽眼电子模型，用于预警雷达系统，从而提升了探测能力。响尾蛇的视力几乎为零，但其鼻子上的颊窝器官具有热定位功能，对 0.001 ℃的温差都能感觉出来，且反应时间不超过 0.1 秒。即使爬虫、小兽等在夜间入睡后，凭借它们身体所发出的热能，响尾蛇就能感知并敏捷地前往捕食。科学家根据响尾蛇这一奇特功能，研制出现代夜视仪、空对空响尾蛇导弹以及仿生红外探测器。

军用微小机器人能完成人难以完成的使命。军用微小机器人最大的特点是外形小，有良好的隐蔽性，仿生物外形不会引起敌方注意，而且构造简单，制造周期短，造价低，还可以具有"群"攻击的能力，令敌方防不胜防。军用微小机器人具有超人的功能，不怕疲劳，不惧艰险，忠于职守。

现代化的国防武器装备和国防建设离不开先进的机械制造技术，没有制造业就没有各种各样的现代化武器与装备。机械制造技术在国防现代化建设上起着举足轻重的作用。

四、机械制造与科学探索

（一）机械制造业与太空探索

随着航天技术的不断发展，人类探索外层空间的兴趣及能力不断增强，各种空间飞行器被发射到太空，飞行器的制造及其在装配和服役期间的连接和维护等都离不开制造业，机械制造在这其中起着很重要的作用。人造卫星在距地面几百千米的太空中自动工作，一旦发生故障，甚至仅仅是一个螺丝钉松了或一根焊线断了，也可能由于无法修理而报废。如果能够派人上去修理，更换部分零件，补充一些燃料，然后重新让它恢复功能，继续为人类服务，就可以大大节省费用。然而由于在太空中，人的活动是很不方便的，所以长臂机械手承担了大部分的维修工作。机械手不但可用于抓取卫星，而且在修理完毕后还要靠它将卫星放回太空，使其重新进行工作。

无论是航天飞机还是太空空间站，都少不了一样东西，那就是它们能伸向太空的巨臂——太空机械臂。自从美国"哥伦比亚号"航天飞机在外太空首次使用机械臂以来，航天飞机机械臂承担了多次外太空精确操纵任务。例如，将航天飞机有效载荷释放进入预定轨道，帮助航天员对发生故障的航天器进行维修等。太空机械臂具有良好的实用性、可靠性和多功能等特点。美国"发现号"航天飞机发射升空过程中机壳外表隔热材料脱落，对其返回的安全性影响很大。为此，在太空飞行中由宇航员走出舱外，借助太空机械臂成功地对其进行了维护与维修。

这些星球探测机器人的制造显然离不开发达的机械制造业。美国的"发现号"航天飞机、俄罗斯的"联盟号"载人飞船实现了人类太空旅行和向国际空间站运送宇航员、物资和仪器等目标。航天飞机和载人飞船的成功发射、太空运行以及成功返回着陆的每时每刻都标志着人类取得的辉煌成就。

（二）机械制造业与改造大自然

人类的发展史就是对大自然的不断改造，使大自然适合人类生存的历史。在改造大自然的过程中，处处可见机械制造的痕迹。从出现第一个工具开始，人类就开始了制造活动，到今天，人类在各个行业为改造自然、造福人类所使用和借助的一切机器、工具都是人们制造出来的，也是制造业发展的结果。

今天，人类对自然界的过度使用已经对自然界造成了破坏，人类又开始了重新改造大自然的活动，在这一过程中，同样离不开机械制造业的支持。如为了改善环境，我们必须对废弃物进行再加工才可以再利用，在再加工的过程中，肯定是离不了机器的，当然也就离不开机械制造业了。所以，从最初人类文明的开创到今天人类为保护环境所采取的一切措施，所有这些改造大自然的活动，都离不开机械制造业。

第二节 互换性

一、互换性是什么

互换性的例子很多，在日常生活中，我们经常碰到灯泡坏了，自己只要到有关商店买一个相同规格的就能毫无困难地装上。又如自行车、缝纫机、手表上的零件坏了，也可以迅速换上新的继续使用。机器上掉了一个螺丝钉或螺母也可以随便挑一个相同规格的换上……这些彼此能相互调换的零件，给我们的工作（生产）带来很多的方便，我们就称这些灯泡、灯头、自行车、缝纫机、手表上的零件、螺丝钉、螺母等是具有互换性的零件。从制造机器的角度来看，制造机器的过程是先由零件制造，而后部件，最后才装配成机器，使组成一台机器中的同类零件在装配时能相互调换，这样便能大大地缩短生产周期，提高劳动生产率。

因此，零部件的互换性就是指：机械制造中按规定的几何和机械物理性能等参数的允许变动量来制造零件和部件，使其在装配或维修更换时不需要选配或辅助加工便能装配成机器并满足技术要求的性能。几何参数包括尺寸大小、几何形状、相互位置、表面粗糙度等；机械物理性能参数通常指硬度、强度和刚度等。这样，在机器制造中，由于零部件具有了互换性，对规格大小相同的一批零件（或部件），装配前，不需要选择；装配时（或更换时），不需要修配和调整；装配后，机器质量完全符合规定的使用性能要求。这种生产就叫互换性生产。

从现代工业的特点来看，在现代工业生产中，常采用专业化大协作的生产，即用分散制造，集中装配的办法来提高劳动生产率，以保证产品的质量和降低成本。为此，要实行专业化生产，必须采用互换性原则。如像轿车这样由上万个零件组成的产品，正是基于互换性原则，才保证了当今不足 1 分钟就可装配下线一辆轿车的高生产率。因此，工业生产中只有提出互换性，推行互换性生产，才能适应国民经济高速发展的需要。可以说互换性是大生产的一条重要的技术经济原则。当前，互换性已不只是大生产的要求，即使小批量，亦按互换性的原则进行。

二、加工误差与加工精度

具有互换性的零件，其几何参数值是否必须绝对准确呢？事实上不但不可能，而且也不必要，只要实际值保持在规定的变动范围之内就能满足技术要求。机械制造中，实际加工后的零件不可能做得与理想零件完全一致，总会有大小不同的偏差，零件加工后的实际几何参数对理想几何参数的偏离程度，称为加工误差。

那么为什么会造成零件的加工误差呢？原因有多方面：一是机械加工过程中，由于机床、夹具、刀具、工件所组成的工艺系统存在的误差；二是零件加工时受到切削力作用，将引起工艺系统的弹性变形；三是加工时的切削热、环境温差等会引起工艺系统的热变形；另外，还有刀具的磨损等种种因素的影响，致使加工完的零件的几何参数与图纸上规定的不可能完全一致，而造成加工误差。

加工精度是指零件加工后的实际几何参数（尺寸、形状和位置）与理想几何参数的符合程度。符合程度越高，加工精度越高。根据零件几何参数不同，相应地，衡量零件加工准确性的加工精度可分为零件的尺寸精度、形状精度和位置精度。它们依次反映了加工后零件的实际尺寸与零件理想尺寸、实际形状与理想形状、实际位置与理想位置相符的程度。如果加工制造完成后零件的几何参数（形状、尺寸、相互位置等），非常接近规定的几何参数（设计图纸上规定的理想形状、尺寸等），通常说这零件的加工精度高；反之，偏离越大，加工精度越低。加工精度通常用加工误差表示，加工误差小，精度高；误差大，精度低。

三、表面粗糙度

表面粗糙度，过去亦称表面光洁度，是指表面微观几何形状误差，反映工件的加工表面精度。在机械加工过程中，由于刀痕、切削过程中切屑分离时的塑性变形、工艺系统中的高频振动、刀具和被加工表面的摩擦等原因，会使被加工零件的表面产生微小的峰谷，这些微小峰谷的高低程度和间距（波距）状况用表面粗糙度来描述。它与表面宏观几何形状误差以及表面波度误差之间的区别，通常是按波距的大小来划分的，波距小于 1 毫米的属于表面粗糙度（微观几何形状误差）；波距在 1~10 毫米的属于表面波度（中间几何形状误差）；波距大于 10 毫米的属于形状误差（宏观几何形状误差）。

表面粗糙度对零件的功能有很多影响，如接触面的摩擦、运动面的磨损、贴合面的密封、旋转件的疲劳强度和抗腐蚀性能等，因此，对提高产品质量起着重要作用。

四、公差与配合

在实际的机械制造中，不可能保证同一类零件的所有尺寸都一样，我们允许产品的几何参数在一定限度内变动，以保证产品达到规定的精度和使用要求，而这一变动量就是公差。由于是变动量，所以公差不能取负值和零。几何参数的公差有尺寸公差和形位公差。

机械制造中，设计时给定的尺寸称为基本尺寸，测量得到的尺寸称为实际尺寸；允许变动的两个极限值称为极限尺寸，极限尺寸分最大极限尺寸和最小极限尺寸，而公差等于最大极限尺寸和最小极限尺寸的差值。而尺寸偏差是某尺寸减其基本尺寸所得的代数值。最大极限尺寸减其基本尺寸所得的代数值为上偏差，最小极限尺寸减其基本尺寸所得的代数值为下偏差。上偏差与下偏差的代数差的绝对值也等于公差。

配合指的是基本尺寸相同的相互结合的孔和轴公差带之间的关系。孔的尺寸减去相配轴的尺寸所得的代数差称为间隙或过盈。此差值为正时是间隙，为负时是过盈。按间隙或过盈及其变动的特征，配合分为间隙配合、过盈配合和过渡配合。

具有间隙（包括最小间隙为零）的配合就是间隙配合。例如，孔的尺寸为 $\Phi 25^{+0.021}_{0}$ 毫米，轴的尺寸为中 $\Phi 25^{-0.020}_{-0.033}$ 毫米，它们的基本尺寸相同，均为 25 毫米。最大间隙为孔的最大极限尺寸减轴的最小极限尺寸，为 0.054 毫米，最小间隙为孔的最小极限尺寸减轴的最大极限尺寸，为 0.020 毫米。间隙配合主要用于孔与轴的活动连接，例如滑动轴承与轴的连接。

具有过盈（包括最小过盈为零）的配合就是过盈配合。例如，孔的尺寸为 $\Phi 25^{+0.021}_{0}$ 毫米，轴的尺寸为 $\Phi 25^{+0.048}_{+0.035}$ 毫米，最大过盈为 0.048 毫米，最小过盈为 0.014 毫米。过盈配合主要用于需要传递扭矩与轴向力的固定连接，如大型齿轮的齿圈与轮毂的连接。

过渡配合就是可能具有间隙或过盈的配合。例如，孔的尺寸为 $\Phi 25^{+0.021}_{0}$ 毫米，轴尺寸

为 $\Phi 25^{+0.015}_{+0.002}$ 毫米，最大间隙为 0.019 毫米，最大过盈为 0.015 毫米。过渡配合用于保证定心良好又能拆卸的精密定位连接，如滚动轴承内径与轴的连接。

第三节　机械原理和机械零件

一、机构与机构学的概念

人类在长期的劳动中创造了许多机器。生产活动中常见的机器有起重机、拖拉机、机车、电动机、内燃机和各种机床、生产线等，日常生活中常见的机器有缝纫机、洗衣机、摩托车等。虽然机器的种类繁多，用途不一，但它们都具有共同的特征，即其一，它是人为的实物组合；其二，各实物间具有确定的相对运动；其三，能代替或减轻人类的劳动去完成有效的机械功（如牛头刨床）或能量转换（如内燃机把燃料燃烧的热能转化成机械能）。

为了研究机器的工作原理，分析运动特点和设计新机器，通常从运动学角度又将机器视为由若干机构组成。由两个以上的构件通过活动连接以实现规定运动的组合件，就称为机构，它是具有确定运动的实物组合体。机构也是人为的实物组合，各实物件间具有确定的相对运动，所以只具有机器的前两个特征。做无规则运动或不能产生运动的实物组合均不能称为机构。机构中总有一个构件作为机架。多数机构都具有一个接受外界已知运动或动力的构件，即主动件，但有的机构需要两个以上的主动件，其余被迫做强制运动的构件称为从动件，其中作为输出的从动件将实现规定的运动。若机构用来做功，或完成机械能与其他能之间的转换，机构就成为机器，所以机器主要是由机构组成的。一部机器可能由一种机构或多种机构所组成，如我们常见的内燃机便是由曲柄滑块机构、齿轮机构和凸轮机构所组成，而电动机只是由一个简单的二杆机构（即转子和定子）所组成。

若撇开机器在做功和转换能量方面所起的作用，仅从结构和运动的观点来看，则机器和机构之间并无区别。因此，习惯上用"机械"一词作为机器和机构的总称。

（一）机构

机构中做相对运动的每一个运动的单元体称为构件。构件可以是一个独立运动的零件，但有时为了结构和工艺上的需要，常将几个零件刚性地连接在一起组成构件。由此可知，构件是独立的运动单元，而零件是制造单元。

机构学是着重研究机械中机构的结构和运动等问题的学科，是机械原理的主要分支。其研究内容是对各种常用机构如连杆机构、凸轮机构、齿轮机构、差动机构、间歇运动机构、直线运动机构、螺旋机构和方向机构等的结构和运动，以及这些机构的共性问题，在理论上和方法上进行机构分析和机构综合。而机构分析包括结构分析和运动分析两部分。前者研究机构的组成并判定其运动的可能性和确定性；后者考察机构在运动中位移、速度和加速度的变化规律，从而确定其运动特性。这对于如何合理使用机器、验证机器的性能是必不可少的。

机构在机器中得到了广泛的应用，但由于功能需求的多样性，组成机器的机构形式和类型也是多样的。其分类方法有：组成机构的各构件的相对运动均在同一平面内或在相互平行的平面内，则此机构被称为平面机构；机构各构件的相对运动不在同一平面或平行平面内，则此机构被称为空间机构。

与平面连杆机构相比，空间连杆机构常有机构紧凑、运动多样、工作灵活可靠等特点，但设计困难，制造较复杂。空间连杆机构常应用于农业机械、轻工机械、纺织机械、交通运输机械、机床、工业机器人、假肢和飞机起落架中。

由于实际构件的外形结构往往很复杂，在研究结构运动时，为了将问题简化，往往撇开与运动无关的构件外形和运动副具体结构，仅用简单线条和符号来表示构件和运动副，并按比例定出各运动副的位置，绘出简单图形来表征机构各构件间的相对运动关系，称这一简图为机构运动简图。这样，借助机构运动简图便可对复杂机构或机械的运动关系及相互规律、机械属性进行分析研究和认知，以进一步改善机械性能和创新设计新型机械。

（二）运动副与运动链

机构都是由构件组合而成的，其中每个构件都以一定的方式至少与另一个构件相连接，这种连接既使两个构件直接接触，又使两构件能产生一定的相对运动。每两个构件间的这种直接接触所形成的活动连接称为运动副。

构成运动副的两个构件间的接触不外乎点、线、面三种形式，两个构件上参与接触而构成运动副的点、线、面部分称为运动副元素。运动副的分类方法有多种。

①按运动副的接触形式分类：面与面相接触的运动副，在承受载荷方面与点、线相接触的运动副相比，其接触部分的压强较低，故面接触的运动副称为低副，以点、线接触的运动副称为高副，高副比低副易磨损。

②按相对运动的形式分类：构成运动副的两构件之间的相对运动，若为平面运动则称为平面运动副，若为空间运动则称为空间运动副。两构件之间只做相对转动的运动副称为

转动副或回转副，两构件之间只做相对移动的运动副，则称为移动副。

③按运动副引入的约束数分类：引入一个约束的运动副称为一级副，引入两个约束的运动副称为二级副，依此类推，则有三级副、四级副、五级副。

④按接触部分的几何形状分类：根据组成运动副的两构件在接触部分的几何形状，可分为圆柱副、球面副、螺旋副、平面与平面副、球面与平面副、球面与圆柱副、圆柱与平面副等。

两个以上构件通过运动副的连接构成的系统称为运动链。如果组成运动链的各构件构成首末封闭的系统，则称为闭式运动链，简称闭链。如果组成运动链的各构件未构成首末封闭的系统，则称为开式运动链，简称开链。

闭链的每个构件至少有两个运动副元素，只要有一个构件间仅含一个运动副元素的都是开链。当运动链中有一个构件被指定为机架，若干个构件为主动件，从而整个组合体具有确定运动时，运动链即成为机构。同一运动链，在指定不同的构件作为机架时，可得到不同的机构。机械中绝大部分机构都由闭链组成的，所以闭链是构成机构的基础。而机械手和工业机器人则是开链的具体应用。

（三）机构自由度

构件所具有的独立运动的数目（或是确定构件位置所需要的独立参变量的数目）称为构件的自由度。一个构件在未与其他构件连接前，在空间可产生 6 个独立运动，也就是说具有 6 个自由度。而两构件直接接触构成运动副后，构件的某些独立运动将受到限制，自由度随之减少，构件之间只能产生某些相对运动。运动副对构件的独立运动所加的限制称为约束。运动副每引入一个约束，构件便失去一个自由度。两构件间引入了多少个约束，限制构件的哪些独立运动，则完全取决于运动副的类型。

使机构具有确定运动时所必须给定的独立运动数目称为机构自由度。欲使机构具有确定运动，应使机构的主动件数等于其自由度数。如平面四杆机构的自由度为 1，而平面五杆机构的自由度为 2。给定平面四杆机构一个独立运动参数，机构就具有确定的运动。而对平面五杆机构，必须同时给定两个独立运动的参数，机构的运动才能完全确定。事实上，在机械制造学科中，自由度的概念也适用于机器、工件及其他任何物体等。设计的机器要具有确定的运动关系，必须限制其多余的自由度，工件加工时，对工件的定位装夹，其实就是限制其额外的自由度。当然，"自由"与"限制"的含义也是广泛的，在不同领域里、不同条件下都有其一定的约束规则和制度，都有一个"自由度"。

（四）自锁和平衡

机械在给定方向的驱动力作用下，由于摩擦原因无论驱动力多大都不能使机械产生运动，这一现象称为自锁。

简单机构的机械效率计算公式通常是按最大摩擦力导出的，故自锁条件可由效率等于或小于零来确定。以力偶驱动构件转动时不会有自锁问题，但以不通过回转轴线的力驱动构件转动时，就有可能产生自锁现象。

实际工程中可以有效地利用自锁现象。如利用自锁现象设计的夹具，在工件加工前，首先要对工件毛坯进行定位并利用专用、通用或组合夹具对工件进行夹紧，防止其在受到切削力时工件位置发生变化。为此，夹具设计时，可以利用夹具夹紧时的自锁现象进行工件的夹紧，使得夹紧更为牢靠；利用自锁现象设计的自锁式千斤顶，可以长时间支撑重物，在除去油压时仍然可以支撑重物，从而保证安全可靠。这种形式的千斤顶，一般是现代家用轿车、卡车等出厂时必备的汽车维修工具。再如自锁阀门、自锁继电器、自锁密封螺纹技术、汽车变速箱的自锁机构等应用。总之，自锁现象可以被广泛地应用。

通过合理分配各运动件的质量，以消除或减少机械运转时由于惯性力所引起的振动的措施，称为平衡。

在绕定轴转动的转子上，各定点的离心惯性力组成一个空间力系，根据力学原理将它们向任何一点简化，均可得到一个离心惯性力 F 和一个惯性力偶 M。这个离心惯性力和惯性力偶将引起转子的振动，这种转子称为不平衡转子。不平衡转子在转动时，可能会发生转子断裂的重大事故。为了使转子得到平衡，必须满足 $F=0$，$M=0$ 的条件，这就是转子平衡的力学原理。

在工程实际中，对转动机械一般都有一个平衡等级的要求，以保证其运转的平稳性、可靠性等。如电机的制造，必须保证电机主轴的动平衡性能；机床回转主轴组件的制造，也必须保证其回转运动时良好的动平衡性，尤其是对高速回转的主轴。如在高速切削加工时，对高速机床主轴的回转要求必须具有很高的动平衡等级，不仅如此，对高速切削下的刀柄结构以及装夹刀柄、刀具后的主轴系统，也必须满足严格的动平衡要求。否则，就会造成剧烈的振动，大大加剧其支撑轴承的磨损，从而导致发热和寿命降低，严重时还会造成刀具断裂破损等危险事故，甚至危及机器操作者的人身安全。因此，机械设计与制造时必须重视运动组件的平衡要求。

（五）摩擦与润滑

两相互接触的物体有相对运动或有相对运动趋势时在接触处产生阻力的现象称为摩

擦。因摩擦而产生的阻力称为摩擦力。相互摩擦的两物体称为摩擦副。

摩擦是一种常见的现象。在日常生活中，摩擦力也经常伴随在我们身旁。如人的行走、吃饭、洗衣服都是依靠摩擦；各种车辆的行进也是借助于摩擦。在机械工程中利用摩擦做有益的有带传动、制动器、离合器和摩擦焊等。摩擦现象为我们所广泛应用，摩擦是不可缺少的，但是它有时又是特别有害的。运动中的机械由于摩擦的存在，使得相互摩擦的两机件发热，轴承过度磨损，消耗额外功率，导致机械工作效率降低，机器的可靠性和使用寿命降低。航天飞机、宇宙飞船等在穿越大气层时，由于其外表面与空气的摩擦，使得机身外表面的温度高达上千摄氏度，可以熔化任何钢铁材料。为此，航天飞机制造时，其机身外表面都粘贴有一层绝热材料。美国"发现号"航天飞机在发射时绝热泡沫材料脱落，为了保证飞机安全返回，才最终临时改变计划，出现了宇航员在太空行走设法修复绝热板的壮举。由于摩擦的存在，导致火灾给人类造成财产严重损失的事例也不少。

摩擦的类别有很多，按摩擦副的运动形式，摩擦分为滑动摩擦和滚动摩擦。前者是两相互接触物体有相对滑动或有相对滑动趋势时的摩擦，后者是两相互接触物体有相对滚动或有相对滚动趋势时的摩擦；按摩擦副的运动状态分为静摩擦和动摩擦，前者是相互接触的两物体有相对运动趋势并处于静止或静止临界状态时的摩擦，后者是相互接触的两物体越过静止临界状态而发生相对运动时产生的摩擦；按摩擦表面的润滑状态，摩擦可分为干摩擦、边界摩擦和流体摩擦。另外，摩擦还可分为外摩擦和内摩擦，外摩擦是指两物体表面做相对运动时的摩擦，内摩擦是指物体内部分子间的摩擦。干摩擦和边界摩擦属于外摩擦，流体摩擦属于内摩擦。

改善摩擦副的摩擦状态以降低摩擦阻力、减缓磨损的技术措施称为润滑。充分利用现代的润滑技术能显著提高机器的使用性能和寿命并减少能源消耗。按摩擦副之间润滑的材料不同，润滑可分为流体（液体、气体）润滑和固体润滑（润滑剂）。按摩擦副之间摩擦状态的不同，润滑油分为流体润滑和边界润滑。介于流体润滑和边界润滑之间的润滑状态称为混合润滑，或称部分弹性流体动压润滑。机器中相互运动的部件间，一般都要设法采取一定的润滑措施，以减少磨损，提高机器的寿命和工作性能。

二、常用的机械传动机构

（一）平面连杆机构

由许多刚性构件用低副（回转副和移动副）连接组成的平面机构，称为平面连杆机构，也叫作平面低副机构。平面连杆机构广泛用于各种机械和仪表中，其种类繁多，运动形式多样，其中最基本、最常用的是四杆机构。平面四杆机构的基本形式是铰链四杆机构。对铰链四杆机构来说，机架和连杆总是存在的。因此，按连架杆运动情况不同，铰链四杆机构可以分为三种基本形式。

1. 曲柄摇杆机构

铰链四杆机构中，若两个连架杆中的一个为曲柄（可旋转 360°），另一个为摇杆（在一定角度范围内来回摆动），则此机构称为曲柄摇杆机构。通常曲柄为原动件，做等速转动，而摇杆为从动件，做变速往复摆动，如牛头刨床的横向自动进给机构。

2. 双曲柄机构

两个连架杆均为曲柄的铰链四杆机构称为双曲柄机构。

3. 双摇杆机构

两个连架杆均为摇杆的铰链四杆机构称为双摇杆机构，这种机构应用也很广泛。

显然，铰链四杆机构在实际各类机械工程中得到了广泛的应用。不仅如此，实际应用中，还广泛采用其他形式的四杆机构，它们大多数都可看作是由曲柄摇杆机构演化而成的。

（二）齿轮机构

齿轮传动是工程机械中应用最为广泛的一种传动形式，以齿轮的轮齿互相啮合传递轴间的动力和运动的机械传动。齿轮就是在其中相互啮合的有齿的机械零件，是机械工程中应用最为广泛的八大基础零件之一。

齿轮机构由主动齿轮、从动齿轮和机架组成。通过齿廓间的高副接触，将主动轮的运动和动力传递给从动轮，使从动轮获得所需要的转速、转向和转矩。它可以保证主动轴和被动轴之间的精确速比。齿轮传动应用极广，具有结构紧凑、传递功率范围广、效率高、寿命长、工作可靠、传动比准确等优点，且可实现平行轴、任意角相交轴和任意角交错轴间传动。但其制造和安装精度要求较高，不适用于远距离两轴之间的传动。否则噪声较大，齿轮承载能力会降低。

齿轮种类很多，通常有以下分类方法：齿轮按照齿形的变位可分为标准齿轮、变位齿轮；按其外形可分为圆柱齿轮、锥齿轮、齿条、蜗杆蜗轮；按齿线形状可分为直齿轮、斜齿轮、人字齿轮、曲线齿轮；按制造方法可分为铸造齿轮、切制齿轮、烧结齿轮等。

同样，齿轮传动的类型也很多，按齿轮轴线的相对位置可分为平行轴齿轮传动、相交轴齿轮传动和交错轴齿轮传动。平行轴齿轮传动又可分为直齿轮传动、斜齿轮传动、人字齿轮传动、齿轮—齿条传动和啮合齿轮传动等。相交轴齿轮传动又可分为直齿锥齿轮传动、斜齿锥齿轮传动和曲线齿锥齿轮传动等。交错轴齿轮传动又可分为双曲面齿轮传动、螺旋齿轮传动和蜗杆传动等。齿轮传动按齿轮的外形可分为圆柱齿轮传动、锥齿轮传动、非圆柱齿轮传动、齿条传动和蜗杆传动。按轮齿的齿廓曲线可分为渐开线齿轮传动、摆线齿轮传动和圆弧齿轮传动等。工程中常用的齿轮传动主要有以下几种：

1. 圆柱齿轮传动

用于两平行轴间的传动，采用的齿轮都是圆柱形的。齿轮齿形一般有直齿、斜齿、人字形齿等。相应的传动分别有直齿轮传动、斜齿轮传动和人字齿轮传动等。直齿轮传动适用于中、低速传动，斜齿轮传动运转平稳，适用于中、高速传动。人字齿轮传动适用于传递大功率和大转矩的传动。圆柱齿轮传动的啮合形式有三种，分别为外啮合齿轮传动、内啮合齿轮传动和齿轮齿条传动。外啮合齿轮传动由两个外齿轮相啮合，两轮的转向相反；内啮合齿轮传动，由一个内齿轮和一个小的外齿轮相啮合，两轮的转向相反；内啮合齿轮传动，由一个内齿轮和一个小的外齿轮相啮合，两轮的转向相同；齿轮齿条传动，可将齿轮的转动变为齿条的直线移动，或者相反。

2. 锥齿轮传动

用于相交轴间的传动，其所采用的啮合齿轮为锥形。同样依据锥齿轮的齿形不同，锥齿轮传动有斜齿锥齿轮传动、直齿锥齿轮传动、曲线齿锥齿轮传动等。

3. 蜗轮蜗杆传动

蜗轮蜗杆传动是交错轴传动的主要形式，轴线交错角一般为90°。蜗杆传动可获得很大的传动比，通常单级为8~90，传递功率可达4500千瓦，蜗杆的转速可达30000转/分，圆周速度可达70米/秒。蜗杆传动工作平稳，传动比准确，可以自锁，但自锁时传动效率低于0.5。蜗杆传动齿面间滑动较大，发热量较多，传动效率低，通常为0.45~0.49。

4. 圆弧齿轮传动

用凸凹圆弧做齿廓的齿轮传动。空载时两齿廓是点接触，啮合过程中接触点沿轴线方向移动，靠纵向重合度大于1来获得连续传动。特点是接触强度和承载能力高，易于形成油膜，无根切现象，齿面磨损较均匀，跑合性能好；但对中心距、切齿深和螺旋角的误差敏感性很大，故对制造和安装精度要求高。

5. 摆线齿轮传动

用摆线做齿廓的齿轮传动。这种传动齿面间接触应力较小，耐磨性好，无根切现象，但制造精度要求高，对中心距误差十分敏感，仅用于钟表及仪表中。

（三）间歇传动机构

将主动件的连续运动转化为从动件有停歇的周期性运动的机构称为间歇运动机构。间歇运动机构可分为单向运动和往复运动两类，如图1-1和图1-2所示的是内燃机配气机构和缝纫机紧线机构。

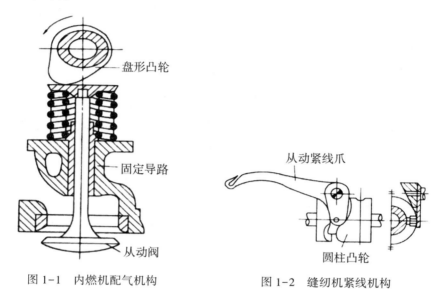

图1-1 内燃机配气机构　　　　　图1-2 缝纫机紧线机构

单向间歇运动机构的特点是当主动件与从动件脱离接触，或虽不脱离接触但主动件不起推动作用时，从动件便不产生运动的机构。单向间歇运动机构广泛应用于生产中，如牛头刨床上工件的进给运动，转塔车床上刀具的转位运动，装配线上的步进输送运动等。棘轮机构、槽轮机构、不完全齿轮机构和凸轮单向间歇运动机构等都用这种方法来实现间歇运动。往复间歇运动机构的特点是当主动件运动时，它会带动从动件进行往复运动。

1. 凸轮机构

在各种用来实现连续输入间歇输出运动传递的间歇传动机构中，应用最广泛的就是凸轮机构。凸轮机构是由凸轮、从动件和机架这三个基本构件所组成的一种高副机构。

凸轮机构的优点是结构简单、运转可靠、转位精确，无需专门的定位装置，易实现工作对动程和动停比的要求。凸轮机构最吸引人的特征是其多用性和灵活性，从动件的运动规律取决于凸轮轮廓曲线的形状，只要适当地设计凸轮的轮廓曲线，就可以使从动件获得各种预期的运动规律，这也是间歇运动机构不同于棘轮机构、槽轮机构的最突出优点。正是由于这些独特的特点，凸轮式间歇运动机构在轻工机械、化工机械、医疗制药、食品包装与罐装、冲压机械、制造自动化生产线等机械中得到了广泛的应用。凸轮机构的缺点在于：凸轮廓线与从动件之间是点或线接触的高副，易于磨损，故多用在传力不太大的场合。

凸轮机构形式多种多样，工程实际中根据所使用的凸轮廓面形状不同，可分为有以下几种：

①盘形凸轮机构：凸轮呈盘状，并且具有变化的向径。

当其绕固定轴转动时，可推动从动件在垂直于凸轮转轴的平面内做往复运动。它是凸轮最基本的形式，结构简单，应用最广。

②移动凸轮机构：当盘形凸轮的转轴位于无穷远处时，就演化成了板状的凸轮或楔形凸轮，这种凸轮机构通常称为移动凸轮机构。

凸轮呈板状，它一般相对于机架做直线移动。在以上两种凸轮机构中，凸轮与从动件之间的相对运动均为平面运动，故又统称为平面凸轮机构。

③圆柱凸轮机构：凸轮的轮廓曲线做在圆柱体上，它可以看作是把上述移动凸轮卷成圆柱体演化而成的。

在这种凸轮机构中，凸轮与从动件之间的相对运动是空间运动，故它属于空间凸轮机构。

当然，工程实际应用中还有许多其他形式的凸轮机构，如弧面凸轮机构等。另外按照从动件与凸轮接触的方式不同，又可分为滚子从动件凸轮、平底从动件凸轮和尖端从动件凸轮等。

2. 棘轮机构

由棘轮和棘爪组成的一种单向间歇运动机构。它将连续转动或往复运动转换成单向步进运动。棘轮轮齿通常用单向齿、棘爪交接于摇杆上，当摇杆逆时针方向摆动时，驱动棘爪插入棘轮齿以推动棘轮同向转动；当摇杆顺时针方向摆动时，棘爪在棘轮上滑过，棘轮停止转动。为了确保棘轮不反转，常在固定构件上加装止逆棘爪。棘轮机构工作时常伴有噪声和振动，因此它的工作频率不能过高。棘轮机构常用在各种机床和自动机中间歇进给或回转工作台的转位上，也常用在千斤顶上。

3. 槽轮机构

由槽轮和圆柱销组成的单向间歇运动机构，又称马耳他机构。它常被用来将主动件的连续转动转换成从动件的带有间歇的单向周期性转动。槽轮机构有外啮合和内啮合两种形式，外啮合槽轮机构传动较平稳、停歇时间短、所占空间小。单臂外啮合槽轮机构是槽轮机构中最常用的一种，它由带圆柱销的转臂、具有4条径向槽的槽轮和机架组成。当连续转动的转臂上的圆柱销进入径向槽时，拨动槽轮转动；当圆柱销转出径向槽后，槽轮停止转动。转臂转一周，槽轮完成一次转停运动。槽轮机构一般用在转速不高、要求间歇地转过一定角度的分度装置中，如转塔车床上的刀具转位机构。它还常在电影放映机中用以间歇移动胶片等。

4. 带传动

利用紧套在带轮上的挠性环带与带轮间的摩擦力来传递动力和运动的机械传动称为带传动。根据带的截面形状不同，可分为平带传动、V 带传动、同步带传动、多楔带传动等。

带传动是具有中间挠性元件的一种传动，所以它具有以下优点：能缓和载荷冲击；运行平稳，无噪声；制造和安装精度不像啮合传动那样严格；过载时将引起带在带轮上打滑，因而可防止其他零件的损坏；可增加带长以适应中心距较大的工作条件（可达 15 米）。

带传动同时也有下列缺点：第一，有弹性滑动和打滑，使效率降低和不能保持准确的传动比（同步带传动是靠啮合传动的，所以可保证传动同步）。第二，传递同样大的圆周力时，轮廓尺寸和轴上的压力都比啮合传动大。第三，带的寿命较短。

平带传动时，带套在平滑的轮面上，靠带与轮面间的摩擦进行传动。平带传动结构简单，但容易打滑，通常用于传动比为 3 左右的传动。平带有胶带、强力棉纶带和高速环形带等。胶带是平带中最常用的一种，它强度高，传递功率范围广。编织带挠性好，但易松弛。强力棉纶带强度高，且不易松弛。高速环形带薄而软、挠性好、耐磨性好，专用于高速传动。平带的截面尺寸都有标准规格，可选取任意长度。

V 带传动时，带放在带轮上相应的型槽内，靠带与型槽两面的摩擦实现传动。V 带通常是数根并用，带轮上有相应数目的型槽。采用 V 带传动时，带与轮接触良好，打滑小，传动比较稳定，运动平稳。V 带传动适用于中心距较短和较大传动比的场合。此外，因 V 带数根并用，其中一根破坏也不致发生事故。

V 带有普通 V 带、窄 V 带和宽 V 带等类型，一般多使用普通 V 带。普通 V 带由强力层、伸张层、压缩层和包布层组成。强力层主要用来承受拉力，伸张层和压缩层在弯曲时起伸张和压缩作用，包布层的作用主要是用来承受拉力，伸张层和压缩层在弯曲时起伸张和压缩作用，包布层的作用主要是增强带的强度。普通 V 带的截面尺寸和长度都有标准规格。普通 V 带适用于转速较高、带轮直径较小的场合。窄 V 带与普通 V 带比较，当高度相同时，其宽度比普通 V 带小约 30%。窄 V 带传递功率的能力比普通 V 带大，允许速度和曲挠次数高，传动中心距小，适用于大功率且结构要求紧凑的传动。

平带带轮和 V 带带轮均由三部分组成：轮缘（用以安装传动带），轮毂（用以安装在轴上）；轮辐或腹板（连接轮缘与轮毂）。带速较低的传动带，其带轮一般用灰铸铁 HT200 制造，高速时宜使用钢制带轮。在结构上，平带、V 带带轮和平带、V 带一样，其截面形状均有标准规格，带轮应易于制造，能避免由于铸造而产生过大的内应力，重量要轻。高速带轮还要进行动平衡。带轮工作面要保证适当的粗糙度值，以免把带很快磨坏。

5. 链传动

利用链与链轮轮齿的啮合来传递动力和运动的机械传动称为链传动。链传动在传递功率、速度、传动比、中心距等方面都有很广的应用范围。目前，最大传递功率达到5000千瓦，最高速度达到40米/秒，最大传动比达到15，最大中心距达到8米。但在一般情况下，链传动的传动功率一般小于100千瓦，速度小于15米/秒，传动比小于8。链传动广泛应用于农业、采矿、冶金、起重、运输、石油、化工、纺织等各种机械的动力传动中。

和带传动相比，链传动的优点主要有：没有滑动；工况相同时，传动尺寸比较紧凑；不需要很大的张紧力，作用在轴上的载荷较小；效率较高；能在温度较高、湿度较大的环境中使用等。因链传动具有中间元件（链），和齿轮、蜗杆传动比较，需要时，轴间距离可以很大。

链传动的缺点主要有：只能用于平行轴间的传动；瞬时速度不均匀，高速运转时不如带传动平稳；不宜在荷载变化很大和急促反向的传动中应用；工作时有噪声；制造费用比带传动高等。

链传动主要有下列几种形式：套筒链、套筒滚子链（简称滚子链）和齿形链。

滚子链是由内链板、外链板、销轴、套筒、滚子等组成。销轴与外链板、套筒与内链板分别用过盈配合固定，滚子与套筒为间隙配合。套筒链除没有滚子外，其他结构与滚子链相同。当链节屈伸时，套筒可在销轴上自由转动。当套筒链和链轮进入啮合和脱离啮合时，套筒将沿链轮轮齿表面滑动，易引起轮齿磨损。滚子链则不同，滚子起着变滑动摩擦为滚动摩擦的作用，有利于减小摩擦和磨损。

套筒链结构较简单、重量较轻、价格较便宜，常在低速传动中应用。滚子链较套筒链贵，但使用寿命长，且有减低噪声的作用，故应用很广。

齿形链是由彼此用铰链连接起来的齿形链板所组成，链板两工作侧面间的夹角为60°，链板的工作面与链轮相啮合。为防止链条在工作时从链轮上脱落，链条上装有内导片或外导片，啮合时导片与链轮上相应的导槽嵌合。和滚子链比较，齿形链具有工作平稳、噪声较小、允许链速较高、承受冲击载荷能力较好（有严重冲击载荷时，最好采用带传动）和轮齿受力较均匀等优点；但价格较贵、重量较大并且对安装和维护的要求也较高。

链轮结构也有一定的标准，但与带轮相比，其标准较宽松，有一定的范围，因而链轮齿廓曲线的几何形状可以有很大的灵活性。链轮轮齿的齿形应保证链节能自由地进入和退出啮合，在啮合时应保证良好的接触，同时它的形状应尽可能地简单。小直径链轮可采用实心式、腹板式，或将链轮与轴做成一体。链轮损坏主要由于齿的磨损，所以大链轮最好采用齿圈可以更换的组合式。

6. 流体传动

用流体作为工作介质的一种传动称为流体传动。其中，依靠液体的静压力传递能量的称为液压传动。依靠叶轮与液体之间的流体动力作用传递能量的称为液力传动。利用气体的压力传递能量的称为气压传动。

流体传动系统中最基本的组成部分是：将机械能转换成液体压力能的转换元件，如压缩机、液压泵和泵轮等；将流体压力能转换成机械能的转换元件，如气动马达、气缸、液压马达、液压缸和涡轮等，这种转换元件也称为执行元件；对流体能量进行控制的各种控制元件，如液压控制阀、液压伺服阀、气动逻辑元件和射流元件等。此外，流体传动系统中还包括液力耦合器、液力变矩器、活塞与气缸等部分。

流体传动系统中常用的元件有以下几种：

①液压泵。为液压传动提供加压液体的一种液压元件，是泵的一种。它的功能是把动力机的机械能转换成液体的压力能，输出流量可以根据需要来调节的称为变量泵，流量不能调节的为定量泵。常用的液压泵有齿轮泵、叶片泵和柱塞泵三种。齿轮泵体积小，结构简单，对油的清洁度要求不严，但泵受不平衡力影响，磨损严重，泄漏较大。叶片泵流量均匀，运转平稳，噪声小，工作压力和容积效率比齿轮泵高，结构也比齿轮泵复杂。柱塞泵容积效率高，泄漏小，可在高压下工作，多用于大功率液压系统；但结构复杂，价格贵，对油的清洁度要求高。一般在齿轮泵和叶片泵不能满足要求时才用柱塞泵。

②液压马达。液压传动中的一种执行元件。它的功能是把液体的压力能转换为机械能以驱动工作部件。它与液压泵的功能恰恰相反。液压马达在结构、分类和工作原理上与液压泵大致相同。有些液压泵也可直接用作液压马达。液压泵只是单向转动，而液压马达则能正反转。液压马达可分为柱塞马达、齿轮马达和叶片马达。

柱塞马达种类较多，有轴向柱塞马达和径向柱塞马达。轴向柱塞马达大部分属于高速马达，径向柱塞马达则属于低速马达。齿轮马达和叶片马达属于高速马达，它们的惯性和输出扭矩很小，便于启动和反向，但在低速时速度不稳或效率显著降低。

③液压控制阀。液压传动中用来控制液体压力、流量和方向的元件。液压控制阀主要有三类，其中控制压力的称为压力控制阀，控制流量的称为流量控制阀，控制通、断和流向的称为方向控制阀。

压力控制阀按用途分为溢流阀、减压阀和顺序阀。溢流阀能控制液压系统在达到调定压力时保持恒定状态。当系统发生故障，压力升高到可能造成破坏的限定值时，阀口会打开而溢流，以保证系统的安全。减压阀能控制分支回路得到比主回路油压低的稳定压力。

机械制造与自动化应用探析

顺序阀能使一个执行元件动作以后，再按顺序使其他执行元件动作。

流量控制阀的功能是调节阀芯和阀体间的节流口面积和它所产生的局部阻力对流量进行调节，从而控制执行元件的速度。流量控制阀按用途分为五种：一是节流阀。在调定节流口面积后，能使载荷压力变化不大和运动均匀性要求不高的执行元件的运动速度基本上保持稳定。二是调速阀。在载荷压力变化时能保证节流阀的进出口压差为定值。三是分流阀。不论载荷大小，能使同一油源的两个执行元件得到相等流量的为等量分流阀，得到按比例分配流量的为比例分流阀。四是集流阀。作用与分流阀相反，使流入集流阀的流量按比例分配。五是分流集流阀。兼有分流阀和集流阀两种功能。

方向控制阀按用途分为单向阀和换向阀。单向阀只允许流体在管道中单向接通，反向即切断。换向阀能改变不同管路间的通、断关系。根据阀芯在阀体中的工作位置数分两位、三位等；根据所控制的通道数分两通、三通、四通、五通等；根据阀芯驱动方式分手动、机动、电动、液动等。

④液力耦合器。以液体为工作介质的一种非刚性联轴器，又称液力联轴器。液力耦合器靠液体与泵轮、涡轮的叶片相互作用产生动量矩的变化来传递扭矩。液力耦合器的输入轴和输出轴间靠液体联系，工件构件间不存在刚性连接。液力耦合器的特点是：能消除冲击和振动；输出转速低于输入转速，两轴的转速差随着载荷的增大而增加；过载保护性能和启动性能好。

⑤液力变矩器。以液体为工作介质的一种非刚性扭矩变换器。液力变矩器靠液体与叶片相互作用产生动量矩的变化来传递扭矩。液力变矩器不同于液力耦合器的主要特征是它具有固定的导轮。导轮对液体的导流作用使液力变矩器的输出扭矩可高于或低于输入扭矩，因而成为变矩器。液力变矩器的特点是：能消除冲击和振动，过载保护性能和启动性能好；输出转速可大于或小于输入转速，两轴的转速差随传递扭矩的大小而不同；有良好的自动变速性能。

⑥气缸和液压缸：用于气压传动中的实现往复运动的气动执行元件。它主要由活塞、活塞杆和气缸体等组成。其中，沿缸体轴线往复运动的活塞零件一般有圆盘形、圆柱形和圆筒形三种形式。在气缸中，活塞在气压的推动下做功。活塞的工作端面承受工作气体的压力，并与缸盖、缸壁构成燃烧室或压缩容积。活塞可用铸铁、锻钢、铸钢和铝合金等材料制造。气缸是气压传动中将压缩气体的压力能转换为机械能的气动执行元件。气缸一般分为单作用气缸和双作用气缸两种。在单作用气缸中，仅一端有活塞杆，活塞将气缸分成两部分。而双作用气缸中，两端都有活塞杆，分别从活塞的两侧供气。同样，在液压传动

中，有液压缸执行元件，结构和工作原理同气缸类似。

7. 其他传动

①摩擦轮传动：利用两个或两个以上相互压紧的轮子间的摩擦力传递动力和运动的机械传动称为摩擦轮传动。工作时摩擦轮之间必须有足够的压紧力，以免产生打滑现象。摩擦轮传动按传动比的不同可分为定传动比摩擦轮传动和变传动比摩擦轮传动两类。定传动比摩擦轮传动按照摩擦轮形状不同，又可分为圆柱平摩擦轮传动和圆柱槽摩擦轮传动。在相同径向压力下，槽摩擦轮传动可以产生较大的摩擦力，比平摩擦轮具有较高的传动能力，但槽轮易于磨损。变传动比摩擦轮传动易实现无级变速，并具有较大的调速幅度。摩擦轮传动具有结构简单、传动平稳、传动比调节方便、过载时能产生打滑而避免损坏装置等优点。其缺点是传动比不准确、效率低、磨损大，而且通常轴受力较大，所以主要用于传递动力不大、传动比要求不严格或需要无级调速的情况。

②螺旋传动：利用螺杆和螺母的啮合来传递运动和动力的机械传动称为螺旋传动。主要用于将旋转运动转换成直线运动，将转矩转换成推力。按工作特点，螺旋传动分为传力螺旋、传导螺旋和调整螺旋。传力螺旋以传力为主，它用较小的转矩产生较大的轴向推力，一般为间歇工作，工作速度不高，而且通常要求自锁，例如螺旋压力机和螺旋千斤顶上的螺旋。传导螺旋以传递运动为主，常要求具有高运动精度，一般在较长时间内连续工作，工作速度也较高，如机床的丝杠。调整螺旋用于调整并固定零件或部件的相对位置，一般不经常转动，要求自锁，有时也要求很高精度，如机器和精密仪表微调机构的螺旋。

三、连接、支撑、制动与密封

1. 连接的类型

利用不同方式将机械零件连成一体的技术称为连接。机器由很多零部件组成，这些零部件通过连接来实现机器的职能，所以连接是构成机器的重要环节。按被连接件间的相互关系，连接分为静连接和动连接。机器工作时，被连接件间的相互位置不容许变化的称为静连接，被连接件间的相互位置在工作时容许有一定形式的变化称为动连接。按连接件能否不被毁坏而拆开，连接可分为可拆连接和不可拆连接。可拆连接有螺纹连接、楔连接、销连接、键连接和花键连接等。采用可拆连接通常是由于结构、维护、制造、装配、运输和安装等方面的原因。不可拆连接有铆接、焊接和铰接等。采用不可拆连接通常是由于工艺上的原因。

2. 联轴器

连接主动轴和从动轴使之共同旋转，以传递运动和扭矩的机械零件，称为联轴器。联轴器由两半部分组成，分别与主动轴、从动轴连接，并连接成一体。大多数动力机都依靠联轴器与工作机连接。联轴器的类型很多，通常分为刚性联轴器和弹性联轴器两类。

①刚性联轴器。适用于两轴能严格对中并在工作中不发生相对位移的地方，主要有凸缘联轴器、套筒联轴器和夹壳联轴器三种。刚性联轴器结构简单，价格较低，制造容易，两轴瞬时转速相同，但要求所联两轴保持在同轴线上无相对位移，以免产生附加动载。

在刚性联轴器中，凸缘联轴器是应用最广的一种。这种联轴器主要由两个分装在轴端的半联轴器和连接它们的螺栓所组成。凸缘联轴器对中精度可靠，传递转矩较大，但要求两轴同轴度好，主要用于载荷平稳的连接中。

套筒联轴器由连接两轴轴端的套筒和连接套筒与轴的连接零件（键或销钉）所组成。套筒联轴器径向尺寸和转动惯量都很小，可用于启动频繁、速度常变的传动。由于这种联轴器的径向尺寸较小，所以在机床中应用很广。

夹壳联轴器由纵向剖分的两半筒形夹壳和连接它们的螺栓所组成。由于这种联轴器在装卸时不用移动轴，所以使用起来很方便，夹壳联轴器常用于连接垂直安置的轴。

②弹性联轴器。适用于两轴有偏斜或在工作中有相对位移的地方。

弹性销轴联轴器是靠弹性销轴元件的弹性变形来补偿两轴轴线的相对位移，且有缓冲、减震性能。弹性元件的材料有金属和非金属两种。金属弹性元件强度高，承载能力大，弹性模量大而稳定，受温度影响小，但成本较高。使用金属弹性元件的联轴器有簧片联轴器、盘簧联轴器、卷簧联轴器等。簧片联轴器具有高弹性和良好的阻尼性能，适用于载荷变化不大的大功率场合。盘簧联轴器由带状弹簧绕在两半联轴器的齿间构成，依靠不同的齿形可做成定刚度或变刚度的联轴器，后者适用于扭矩变化较大的两轴间的连接。

使用非金属弹性元件容易得到不同的刚度，内摩擦大，单位体积储存的变形能大，阻尼效果好，工作时无须润滑，重量轻，但强度较低，承载能力小，材料容易老化和磨损，寿命较短。使用橡胶、尼龙和聚氨酯等非金属弹性元件的有弹性圆柱联轴器、轮胎联轴器、高弹性橡胶联轴器、橡胶套筒联轴器、橡胶板联轴器和尼龙柱销联轴器等。弹性圆柱联轴器广泛用于载荷平稳、要求正反转或启动频繁的传动。轮胎联轴器用橡胶或橡胶织物制成轮胎作为弹性元件，扭转刚度小，缓冲减震能力强，适用于潮湿、多尘、冲击大、需要正反转或两轴相对位移较大的连接，在起重运输机械中应用较广。高弹性橡胶常成对配置，具有较高的弹性和良好的减震性能。橡胶套筒联轴器和橡胶板联轴器结构简单，易于制造，应用也很广泛。尼龙柱销联轴器与弹性圈柱联轴器相似，但结构较简单，耐磨性和减震能力也较强。

3. 离合器

离合器也是连接两轴使之一同回转并传递转矩的一种部件。离合器和联轴器的不同点是：联轴器只有在机器停车后用拆卸方法才能把两轴分离；而离合器不必采用拆卸方法，在机器工作时就能将两轴分离或接合。利用离合器可使机器启动、停止、换向和变速等。例如机床中的离合器可使主轴迅速与动力机接合或分离，能节省停车和启动等辅助时间，提高机床的生产率。

离合器的种类很多，按控制方式可分为操纵式和自动式。操纵式的有：嵌入式离合器、摩擦离合器、磁粉离合器等；自动式的有：安全离合器、离心离合器、超越离合器等。

嵌入式离合器通过牙、齿或键的嵌合来传递扭矩。它结构简单、外形尺寸较小，可传递较大的扭矩；但接合时有冲击，两轴间转速不宜过大。

摩擦离合器利用摩擦力传递扭矩。它接合和分离迅速，操作方便，振动和冲击较小，超载时其摩擦件发生打滑，有过载保护作用；但从动轴与主动轴不能严格同步，摩擦件的微量打滑导致能量损失并会发热和磨损，所以需要经常调整和更换。

磁粉离合器利用激磁线圈使磁粉磁化，形成磁粉链以传递扭矩。电流增大时，磁场增强，则磁粉链传递扭矩增大。这种离合器离合迅速，运转平稳，能使主、从动轴在同步、有转速差和制动状态下工作；通过磁粉打滑可起过载保护作用，通过控制电流易于实现无级调速。

安全离合器能在载荷达到最大值时使连接件破坏、分开和打滑等，从而防止机器中重要零件的损坏。

离心离合器有自动连接的和自动分离的两种。前者在机器启动后，当主动轴转速升高到某一定值时，离合器上瓦块的离心力将克服弹簧拉力作用在外鼓轮上，从而将运动传递到从动轴；后者是限制从动轴最高转速的一种装置，当轴的转速升高到某一定值时，离合器就由于离心力的作用而处于分离状态。

超越离合器利用棘轮-棘爪的啮合或滚柱、楔块的楔紧作用单向传递运动或扭矩。当主动轴反转或转速低于从动轴时，离合器就自动分离，是一种定向离合器。啮合式结构简单，但外形尺寸大，分离状态下有噪声，常用于低速不重要的场合。楔紧式结合平稳，无噪声，外形尺寸小，但制造工艺要求高，可用于高速和重载情况。

4. 制动器

制动器是使机械中的运动件停止或减速的机械零件，俗称刹车或闸。制动器主要由制动架、制动件和操纵装置等组成。为了减小制动力矩和结构尺寸，通常装在高速轴上。但对安全性要求高的机器，如电梯和矿井卷扬机等，则应直接装在卷筒轴上。

制动器分为摩擦式和非摩擦式两类。摩擦式制动器靠制动件和运动件的摩擦力制动。控制动件的结构形式又分为块式制动器、带式制动器和盘式制动器等。摩擦式制动器按制动件所处工作状态还分为常闭式制动器和常开式制动器。前者经常处于紧闸状态，要施加外力才能解除制动作用；后者经常处于松闸状态，要施加外力才能制动。非摩擦式制动器有电磁制动器和水涡流制动器。

块式制动器是靠制动块压紧在制动轮上实现制动的制动器。单个制动块对制动轮轴压力大而不匀，故通常多用一对制动块，使制动轮轴上所受制动块的压力抵消。块式制动器有外抱式和内张式两种。外抱式制动器的磁铁直接装在制动臂上。工作时，动铁芯绕销轴实现松闸；磁铁断电时靠主弹簧紧闸。这种制动器结构紧凑，紧闸和松闸动作快，但冲击力大。内张式制动器的制动块位于制动轮的内部，通过踏板、拉杆和凸块使制动块张开，压紧制动轮内面而紧闸，松开踏板则弹簧拉回制动块而松闸。这种制动器也可用液压或气压等操作。内张式块式制动器结构紧凑，防尘性好，可用于安装空间受限制的场合，广泛用于各种车辆。

带式制动器是利用挠性钢带压紧制动轮来实现制动的制动器。挠性钢带中多装有皮革、木块或石棉摩擦材料，以增大摩擦系数和减轻带的磨损。带式制动器构造简单，尺寸紧凑，但制动轮轴上受力较大，摩擦面上压力分布不均匀，因而磨损也不均匀。这种制动器通常用于中小型起重机、车辆和人力操纵的场合，不如块式制动器应用广泛。

盘式制动器是靠圆盘间的摩擦力实现制动的制动器，主要有全盘式和点盘式两种类型。全盘式制动器由定圆盘和动圆盘组成。定圆盘通过导向平键或花键连接于固定壳内，而动圆盘用导向平键或花键装在制动轴上，并随轴一起旋转。当受到轴向力时，动、定圆盘相互压紧而制动。这种制动器结构紧凑，摩擦面积大，制动力矩大，但散热条件差。点盘式制动器的制动块通过液压驱动装置夹紧装在轴上的制动盘而实现制动。为增大制动力矩，可采用数对制动块。各对制动块在径向上成对布置，以使制动轴不受径向力和弯矩影响。点盘式制动器比全盘式制动器散热条件好，装拆也比较方便。盘式制动器体积小、质量小、动作灵敏，较多地用于起重运输机械和卷扬机等机械中。

5. 密封

密封是防止工作介质从机器（或设备）中泄漏或外界杂质侵入其内部的一种措施。密封分为静密封和动密封。机械（或设备）中相对静止件间的密封称为静密封；相对运动件间的密封称为动密封。被密封的工作介质可以是气体、液体或粉状固体。密封不良会降低机器效率、造成浪费和污染环境。易燃、易爆或有毒性的工作介质泄漏会危及人身和设备安全。气、水或粉尘侵入设备会污染工作介质，影响产品质量，增加零件磨损，缩短机器寿命。

第二章 机械加工典型工艺

第一节 热加工与冷加工

一、热加工

热加工是在高于再结晶温度的条件下，使金属材料同时产生塑性变形和再结晶的加工方法。热加工通常包括铸造、锻造、焊接、热处理等工艺。热加工能使金属零件在成型的同时，改善它的组织或者使已成型的零件改变既定状态以改善零件的机械性能。

（一）铸造

熔炼金属，制造铸型，并将熔融金属浇入铸型，凝固后获得一定形状和性能铸件的成型方法，称为铸造。铸造是一门应用科学，广泛用于生产机器零件或毛坯，其实质是液态金属逐步冷却凝固而成型，具有以下优点：可以生产出形状复杂，特别是具有复杂内腔的零件毛坯，如各种箱体、床身、机架等。铸造生产的适应性广，工艺灵活性大。工业上常用的金属材料均可用来进行铸造，铸件的重量可由几克到几百吨，壁厚可由 0.5 毫米到 1 米。铸造用原材料大都来源广泛，价格低廉，并可直接利用废机件，故铸件成本较低。

随着铸造技术的发展，除了机器制造业外，在公共设施、生活用品、工艺美术和建筑等国民经济各个领域，也广泛采用各种铸件。

铸件的生产工艺方法大体分为砂型铸造和特种铸造两大类。

1. 砂型铸造

在砂型铸造中，造型和造芯是最基本的工序。它们对铸件的质量、生产率和成本的影响很大。造型通常可分为手工造型和机器造型。手工造型是用手工或手动工具完成紧砂、起模、修型工序。其特点为：①操作灵活，可按铸件尺寸、形状、批量与现场生产条件灵活地选用具体的造型方法；②工艺适应性强；③生产准备周期短；④生产效率低；⑤质量稳定性差，铸件尺寸精度、表面质量较差；⑥对工人技术要求高，劳动强度大。

手工造型主要适应于单件、小批量铸件或难以用造型机械生产的形状复杂的大型铸件。

随着现代化大生产的发展，机器造型已代替了大部分的手工造型，机器造型不但生产率高，而且质量稳定，劳动强度低，是成批大量生产铸件的主要方法。机器造型的实质是采用机器完成全部操作，至少完成紧砂操作的造型方法，效率高，铸型和铸件质量高，但投资较大，适用于大量或成批生产的中小铸件。

在铸造生产中，一般根据产品的结构、技术要求、生产批量及生产条件进行工艺设计。铸造工艺设计包括选择浇铸位置和分型面、确定浇铸系统、确定型芯的形式等几个方面。

2. 特种铸造

随着科学技术的发展和生产水平的提高，对铸件质量、劳动生产率、劳动条件和生产成本有了进一步的要求，因而铸造方法有了长足的发展。所谓特种铸造，是指有别于砂型铸造方法的其他铸造工艺。目前特种铸造方法已发展到几十种。常用的有熔模铸造、金属型铸造、离心铸造、压力铸造、低压铸造、陶瓷型铸造、实型铸造、磁型铸造、石墨型铸造、差压铸造、连续铸造、挤压铸造等。

特种铸造能获得如此迅速的发展，主要是由于这些方法一般都能提高铸件的尺寸精度和表面质量，或提高铸件的物理及力学性能；此外，大多能提高金属的利用率（工艺出品率），减少原砂消耗量；有些方法更适宜于高熔点、低流动性、易氧化合金铸件的铸造；有的能明显改善劳动条件，并便于实现机械化和自动化生产等。

铸造技术的发展趋势随着科学技术的进步和国民经济的发展，对铸造提出优质、低耗、高效、少污染的要求，铸造技术将向以下几方面发展：

①数字化、自动化技术的发展。随着汽车工业等大批大量制造的要求，各种新的造型方法（如高压造型、射压造型、气冲造型等）和制芯方法进一步开发和推广。当前，由于功能强大的现代 CAD/CAM 软件和数控机床等数字化成型与加工工具和设备的发展，为铸型的设计、制造提供了高效和高精度的铸型制造方法。

②特种铸造工艺的发展。随着现代工业对铸件的比强度、比刚度的要求增加，以及少、无切削加工的发展，特种铸造工艺向大型铸件方向发展。铸造柔性加工系统逐步推广，逐步适应多品种少批量的产品升级换代的需求。复合铸造技术（如挤压铸造和熔模真空吸铸）和一些全新的工艺方法（如实型铸造工艺、超级合金等离子滴铸工艺等）逐步进入应用。

③特殊性能合金进入应用。球墨铸铁、合金钢、铝合金等高比强度、高比刚度的材料逐步进入应用。新型铸造功能材料，如铸造复合材料、阻尼材料和具有特殊磁学、电学、热学性能和耐辐射材料进入铸造成型领域。

④微电子技术进入使用。铸造生产的各个环节已开始使用微电子技术，如铸造工艺和模具的 CAD 及 CAM，凝固过程数值模拟，铸造过程自动检测、监测与控制，铸造工程 MIS，各种数据及专家系统，机器人的应用等。

⑤新的造型材料的开发和应用。

（二）焊接

焊接是现代制造技术中重要的金属连接技术。焊接成型技术的本质在于：利用加热或者同时加热加压的方法，使分离的金属零件形成原子间的结合，从而形成新的金属结构。

焊接的实质是使两个分离的物体通过加热或加压，或两者并用，在用或不用填充材料的条件下借助于原子间或分子间的联系与质点的扩散作用形成一个整体的过程。要使两个分离的物体形成永久性结合，首先必须使两个物体相互接近到 0.3~0.5 纳米的距离，使之达到原子间的力能够相互作用的程度。这对液体来说是很容易的，但对固体则需要外部给予很大的能量才会使其接触表面之间达到原子间结合的距离。而实际金属由于固体硬度较高，无论其表面精度多高，实际上也只能是部分点接触，加之其表面还会有各种杂质，如氧化物、油脂、尘土及气体分子的吸附所形成的薄膜等，这些都是妨碍两个固体原子结合的因素。焊接技术就是采用加热、加压或两者并用的方法，来克服阻碍原子结合的因素，以达到二者永久牢固连接的目的。

1. 焊接的优点

①接头的力学性能与使用性能良好。例如，120 万千瓦核电站锅炉，外径 6400 毫米，壁厚 200 毫米，高 13000 毫米，耐压 17.5 兆帕，使用温度 350℃，接缝不能泄漏。应用焊接方法，制造出了满足上述要求的结构。某些零件的制造只能采用焊接的方法连接。例如电子产品中的芯片和印刷电路板之间的连接，要求导电并具有一定的强度，到目前为止，只能用钎焊连接。

②与铆接相比，采用焊接工艺制造的金属结构重量轻，节约原材料，制造周期短，成本低。

2. 焊接存在的问题

焊接接头的组织和性能与母材相比会发生变化；容易产生焊接裂纹等缺陷；焊接后会产生残余应力与变形，这些都会影响焊接结构的质量。

3. 焊接种类

根据焊接过程的特点，主要有熔化焊、压力焊、钎焊。

熔化焊是利用局部加热的手段，将工件的焊接处加热到熔化状态，形成熔池，然后冷却结晶，形成焊缝。熔化焊简称熔焊。

压力焊是在焊接过程中对工件加压（加热或不加热）完成焊接，压力焊简称压焊。

钎焊是利用熔点比母材低的填充金属熔化以后，填充接头间隙并与固态的母材相互扩散实现连接。

焊接广泛用于汽车、造船、飞机、锅炉、压力容器、建筑、电子等工业部门，世界上钢产量的 50%~60% 要经过焊接才能最终投入使用。

4. 焊接的方法

①手工电弧焊。手工电弧焊是利用手工操纵电焊条进行焊接的电弧焊方法。电弧导电时，产生大量的热量，同时发出强烈的弧光。手工电弧焊是利用电弧的热量熔化熔池和焊条的。

焊缝形成过程：焊接时，在电弧高热的作用下，被焊金属局部熔化，在电弧吹力作用下，被焊金属上形成了卵形的凹坑，这个凹坑称为熔池。

由于焊接时焊条倾斜，在电弧吹力作用下，熔池的金属被排向熔池后方，这样电弧就能不断地使深处的被焊金属熔化，达到一定的熔深。

焊条药皮熔化过程中会产生某种气体和液态熔渣。产生的气体充满电弧和熔池周围的空间，起到隔绝空气的作用。液态熔渣浮在液体金属表面，起保护液体金属的作用。此外，熔化的焊条金属向熔池过渡，不断填充焊缝。

熔池中的液态金属、液态熔渣和气体之间进行着复杂的物理、化学反应，被称为冶金反应，这种反应对焊缝的质量有较大的影响。

熔渣的凝固温度低于液态金属的结晶温度，冶金反应中产生的杂质与气体能从熔池金属中不断被排出。熔渣凝固后，均匀地覆盖在焊缝上。

焊缝的空间位置有平焊、横焊、立焊和仰焊。焊条的组成与作用：焊条对手工电弧焊的冶金过程有极大的影响，是决定手工电弧焊焊接质量的主要因素。

焊条由焊芯与药皮组成。焊芯是一根具有一定长度与直径的钢丝。由于焊芯的成分会直接影响焊缝的质量，所以焊芯用的钢丝都须经过特殊冶炼，有专门的牌号。这种焊接专用钢丝称为焊丝，如 H08A 等。

焊条的直径就是指焊芯的直径。结构钢焊条直径为 1.6~8 毫米，共分 8 种规格。焊条的长度是指焊芯的长度，一般均在 200~550 毫米之间。

在焊接技术发展的初期，电弧焊采用没有药皮的光焊丝焊接。在焊接过程中，电弧很不稳定。此外，空气中的氧气和氮气大量侵入熔池，将铁、碳、锰等氧化或氮化成各种氧化物和氮化物。侵入的气体又产生大量气孔，这些都使焊缝的力学性能大大降低。

药皮的主要作用是：药皮中的稳弧剂可以使电弧稳定燃烧，飞溅少，焊缝成型好。药皮中有造气剂，熔化时释放的气体可以隔离空气，保护电弧空间熔化后产生熔渣。熔渣覆盖在熔池上可以保护熔池。药皮中有脱氧剂（主要是锰铁、硅铁等）、合金剂。通过冶金反应，可以去除有害杂质；添加合金元素，可以改善焊缝的力学性能。碱性焊条中的萤石可以通过冶金反应去氢。

焊条按用途可分为碳钢焊条、低合金钢焊条、不锈钢焊条、铸铁焊条、堆焊焊条、镍合金焊条、铜合金焊条、铝合金焊条等。

②其他焊接方法。

气焊与气割：气焊是利用气体火焰作为热源的焊接方法。常用氧-乙炔火焰作为热源。氧气和乙炔在焊炬中混合，点燃后加热焊丝和工件。气焊焊丝一般选用和母材相近的金属丝。焊接不锈钢、铸铁、铜合金、铝合金时，常使用焊剂去除焊接过程中产生的氧化物。

气割又称氧气切割，是广泛应用的下料方法。气割的原理是利用预热火焰将被切割的金属预热到燃点，再向此处喷射氧气流。被预热到燃点的金属在氧气流中燃烧形成金属氧化物。同时，这一燃烧过程放出大量的热量。这些热量将金属氧化物熔化为熔渣。熔渣被氧气流吹掉，形成切口。接着，燃烧热与预热火焰又进一步加热并切割其他金属。因此，气割实质上是金属在氧气中燃烧的过程。金属燃烧放出的热量在气割中具有重要的作用。

二氧化碳气体保护焊：二氧化碳气体保护焊是以二氧化碳气体作为保护介质的气体保护焊方法。二氧化碳气体保护焊用焊丝做电极，焊丝是自动送进的。二氧化碳气体保护焊分为细丝二氧化碳气体保护焊（焊丝直径 0.5~1.2 毫米）和粗丝二氧化碳气体保护焊（焊丝直径 1.6~5.0 毫米）。细丝二氧化碳气体保护焊用得较多，主要用于焊接 0.8~4.0 毫米的薄板。此外，药芯焊丝的二氧化碳气体保护焊也日益广泛使用。其特点是焊丝是空心管状的，里面充满焊药，焊接时形成气-渣联合保护，可以获得更好的焊接质量。

利用二氧化碳气体作为保护介质，可以隔离空气。二氧化碳气体是一种氧化性气体，在焊接过程中会使焊缝金属氧化。故要采取脱氧措施，即在焊丝中加入脱氧剂，如硅、锰等。二氧化碳气体保护焊常用的焊丝是硅锰合金。

二氧化碳气体保护焊的主要优点是：生产率高；比手工电弧焊高 1~5 倍，且工作时连续焊接，不需要换焊条，不必敲渣；成本低；二氧化碳气体是很多工业部门的副产品，所以成本较低。

二氧化碳气体保护焊是一种重要的焊接方法，主要用于焊接低碳钢和低合金钢，在汽车工业和其他工业部门中广泛应用。

电阻焊：在电阻焊时，电流在通过焊接接头时会产生接触电阻热。电阻焊是利用接触电阻热将接头加热到塑性或熔化状态，再通过电极施加压力，形成原子间结合的焊接方法。

钎焊：钎焊时母材不熔化。钎焊时使用钎剂、钎料，将钎料加热到熔化状态，液态的钎料润湿母材，并通过毛细管作用填充到接头的间隙，进而与母材相互扩散，冷却后形成接头。

钎焊接头的形式一般采用搭接，以便于钎料的流布。钎料放在焊接的间隙内或接头附近。

钎剂的作用是去除母材和钎料表面的氧化膜，覆盖在母材和钎料的表面，隔绝空气，具有保护作用。钎剂同时可以改善液体钎料对母材的润湿性能。

焊接电子零件时，钎料是焊锡，钎剂是松香，钎焊是连接电子零件的重要焊接工艺。

钎焊可分为两大类：硬钎焊与软钎焊。硬钎焊的特点是所用钎料的熔化温度高于450 ℃，接头的强度大，用于受力较大、工作温度较高的场合。所用的钎料多为铜基、银基等。钎料熔化温度低于450 ℃的钎焊是软钎焊。软钎焊常用锡铅钎料，适用于受力不大、工作温度较低的场合。

钎焊的特点是接头光洁、气密性好。因为焊接的温度低，所以母材的组织性能变化不大。钎焊可以连接不同的材料。钎焊接头的强度和耐高温能力比其他焊接方法差。

钎焊广泛用于硬质合金刀头的焊接以及电子工业、电机、航空航天等工业。

5. 焊接新技术（焊接机器人）

近年来各国所安装的工业机器人中，大约一半是焊接机器人。焊接机器人大量使用在汽车制造等领域，适用于弧焊、点焊和切割。焊接机器人常安装在自动生产线上，或和自动上下料装置及自动夹具一起组成焊接工作站。工业机器人大量应用于焊接生产不是偶然的事情，这是由焊接工艺的必然要求所决定的。无论是电弧焊还是电阻焊，在由人工进行操作的时候，都要求焊枪或焊钳在空间保持一定的角度。随着焊枪或焊钳的移动，这个角度不断地由操作者人为地进行调整。也就是说，焊接时焊枪或焊钳不仅需要有位置的移动，同时应该有"姿态"的控制。满足这种要求的自动焊机就是焊接机器人。焊接机器人的应用，可以提高焊接质量，改善工人的工作条件，是焊接自动化的重大进展。

（三）锻造

在冲击力或静压力的作用下，使热锭或热坯产生局部或全部的塑性变形，获得所需形状、尺寸和性能的锻件的加工方法称为锻造。

锻造一般是将轧制圆钢、方钢（中、小锻件）或钢锭（大锻件）加热到高温状态后进行加工。锻造能够改善铸态组织、铸造缺陷（缩孔、气孔等），使锻件组织紧密、晶粒细化、成分均匀，从而显著提高金属的力学性能。因此，锻造主要用于那些承受重载、冲击载荷、交变载荷的重要机械零件或毛坯，如各种机床的主轴和齿轮，汽车发动机的曲轴和连杆，起重机吊钩及各种刀具、模具等。

锻造分为自由锻造、模型锻造及胎模锻。

1. 自由锻造

只采用通用工具或直接在锻造设备的上、下砧铁间使坯料变形获得锻件的方法称为自由锻。自由锻的原材料可以是轧材（中小型锻件）或钢锭（大型锻件）。自由锻工艺灵活、工具简单，主要适合于各种锻件的单件小批生产，也是特大型锻件的唯一生产方法。

自由锻的设备有锻锤和液压机两大类。锻锤是以冲击力使坯料变形的，设备规格以落下部分的重量来表示。常用的有空气锤和蒸汽-空气锤。空气锤的吨位较小，一般只有500～10000牛，用于锻100千克以下的锻件；蒸汽-空气锤的吨位较大，可达10～50千牛，可锻1500千克以下的锻件。

液压机是以液体产生的静压力使坯料变形的，设备规格以最大压力来表示。常用的有油压机和水压机。水压机的压力大，可达5000～15000千牛，是锻造大型锻件的主要设备。

自由锻的基本工序是指锻造过程中直接改变坯料形状和尺寸的工艺过程。主要包括镦粗、拔长、弯曲、冲孔、扭转、错移等，其中最常用的是镦粗、拔长和冲孔。

镦粗是使坯料的整体或一部分高度减小、截面积增大的工序。拔长是减小坯料截面积、增加其长度的工序。冲孔是在实心坯料上冲出通孔或不通孔的工序。

2. 模型锻造

模型锻造简称为模锻，是将加热到锻造温度的金属坯料放到固定在模锻设备上的锻模模腔内，使坯料受压变形，从而获得锻件的方法。

与自由锻和胎模锻相比，模锻可以锻制形状较为复杂的锻件，且锻件的形状和尺寸较准确，表面质量好，材料利用率和生产效率高。但模段须采用专用的模锻设备和锻模，投资大、前期准备时间长，并且由于受三向压应力变形，变形抗力大，故而模锻只适用于中小型锻件的大批量生产。

生产中常用的模锻设备有模锻锤、热模锻压力机、摩擦压力机、平锻机等。其中尤其是模锻锤工艺适应性广，可生产各种类型的模锻件，设备费用也相对较低，长期以来一直是我国模锻生产中应用最多的一种模锻设备。

锤模锻是在自由锻和胎模锻的基础上发展起来的，其所用的锻模是由带有燕尾的上模和下模组成的。下模固定在模座上，上模固定在锤头上，并与锤头一起做上下往复的锤击运动。

根据锻件的形状和模锻工艺的安排，上、下模中都设有一定形状的凹腔，称为模膛。模膛根据功用分为制坯模膛和模锻模膛两大类。

制坯模膛主要作用是按照锻件形状合理分配坯料体积，使坯料形状基本接近锻件形状。制坯模膛分为拔长模膛、弯曲模膛、成型模膛、镦粗台及压扁面等。

模锻模膛又分为预锻模膛和终锻模膛两种。预锻模膛的作用是使坯料变形到接近于锻件的形状和尺寸，以便在终锻成型时金属充型更加容易，同时减少终锻模膛的磨损，延长锻模的使用寿命。预锻模膛的圆角、模锻斜度均比终锻模膛大，而且不设飞边槽。终锻模膛的作用是使坯料变形到热锻件所要求的形状和尺寸，待冷却收缩后即达到冷锻件的形状和尺寸。终锻模膛的分模面上有一圈飞边槽，用以增加金属从模膛中流出的阻力，促使金属充满模膛，同时容纳多余的金属。模锻件的飞边要在模锻后切除。

实际锻造时应根据锻件的复杂程度相应选用单模膛锻模或多模膛锻模。一般形状简单的锻件采用仅有终锻模膛的单模膛锻模，而形状复杂的锻件（如截面不均匀、轴线弯曲、不对称等）则要采用具有制坯、预锻、终锻等多个模膛的锻模逐步成型。

3. 胎模锻

胎模锻是在自由锻设备上使用可移动的简单模具生产锻件的一种锻造方法。胎模锻造一般先采用自由锻制坯，然后在胎模中终锻成型。锻件的形状和尺寸主要靠胎模的型槽来保证。胎模不固定在设备上，锻造时用工具夹持着进行锻打。

与自由锻相比，胎模锻生产效率高，锻件加工余量小，精度高；与模锻相比，胎模制造简单，使用方便，成本较低，又不需要昂贵的设备。因此，胎模锻曾广泛应用于中小型锻件的中小批量生产。但胎模锻劳动强度大，辅助操作多，模具寿命低，在现代工业中已逐渐被模锻所取代。

（四）冲压

冲压是在冲床上用冲模使金属或非金属板料产生分离或变形而获得制件的加工方法。板料冲压通常在室温下进行，所以又称冷冲压。用于冲压的材料必须具有良好的塑性，常用的有低碳钢、高塑性合金钢、铝和铝合金、铜和铜合金等金属材料以及皮革、塑料、胶木等非金属材料。冲压的优点是生产率高，成本低；成品的形状复杂，尺寸精度高，表面质量好且刚度大、强度高、重量轻，无须切削加工即可使用，因此在汽车、拖拉机、电机、电器、日常生活用品及国防工业生产中得到广泛应用。

冲压常用的设备有剪床和冲床两大类。剪床的主要用途是把板料切成一定宽度的条料，为下一步的冲压备料。而冲床主要用来完成冲压的各道工序。

1. 冲压的基本工序

冲压的基本工序主要有冲孔和落料、弯曲、拉深等。将板坯在冲模刃口作用下沿封闭轮廓分离的工序称为冲孔或落料。

冲孔是用冲裁模在工件上冲出所需的孔形，而落料是用冲裁模从坯料上冲下所需形状的板块，作为工件或进一步加工的坯料。两者的模具结构基本相同，只是尺寸有所差别。冲孔模的凸模尺寸由工件尺寸决定，凹模比凸模放大一定的间隙量；落料模的凹模尺寸由工件尺寸决定，凸模比凹模缩小一定的间隙量。

弯曲是利用弯曲模使工件轴线弯成一定角度和曲率的工序。

拉深是利用模具将平板毛坯变成杯形、盒形等开口空心工件的工序。

2. 冲模

冲模是实现坯料分离或变形必不可少的工艺装备。

①冲模的主要组成部分及作用。工作部分包括凸模、凹模等，实现板料分离或变形，完成冲压工序。定位部分包括导板、定位销等，用于控制坯料的送进方向和送进距离。卸料部分包括卸料板、顶板等，用于在冲压后卸取板坯或工件。导向部分包括导柱、导套等，用来保证上、下模合模准确。模体部分包括上、下模板、模柄等，用于与冲床连接、传递压力。

②冲模的种类。按照冲模完成的工序性质可分为冲孔模、落料模、弯曲模、拉深模等，按其工序的组合程度又可分为简单模、连续模和复合模。

简单模指在冲床的一次行程中只完成一道冲压工序的冲模。简单模结构简单但效率低，适合于小批量、低精度的冲压件生产。

连续模指在冲床的一次行程中，在模具的不同工位上完成两道或两道以上冲压工序的冲模。连续模效率高且结构相对简单，适合于大批量、一般精度的冲压件生产。

复合模指在冲床的一次行程中，在模具的同一工位上完成两道或两道以上冲压工序的冲模。复合模效率高但结构复杂，适合于大批量、高精度的冲压件生产。

近年来，随着 CAD/CAM 技术和数控机床、加工中心的发展，模具的制造周期大大缩短，原来生产周期 6~12 个月的模具，现在采用加工中心，只需要 1 周或 1 个月便能制造出来。因此，模具的应用日益广泛。

二、冷加工

在金属工艺学中，冷加工是指在低于再结晶温度下使金属产生塑性变形的加工工艺，如冷轧、冷拔、冷锻、冷挤压、冲压等。冷加工在金属成型的同时提高了金属的强度和硬度。在机械制造工艺学中，冷加工通常指金属的切削加工。

（一）切削加工

1. 切削加工的分类

切削加工是利用切削工具从工件上切去多余材料的加工方法。通过切削加工，使工件变成符合图样规定的形状、尺寸和表面粗糙度等方面要求的零件。切削加工分为机械加工和钳工加工两大类。

机械加工（简称机工）是利用机械力对各种工件进行加工的方法，它一般是通过工人操纵机床设备进行加工的，其方法有车削、钻削、镗削、铣削、刨削、拉削、磨削、研磨、超精加工和抛光等。

钳工加工（简称钳工）是指一般在钳台上以手工工具为主，对工件进行加工的各种加工方法。钳工的工作内容一般包括画线、锯削、挫削、刮削、研磨、钻孔、扩孔、铰孔、攻螺纹、套螺纹、机械装配和设备修理等。

对于有些工作，机械加工和钳工加工并没有明显的界限，例如钻孔和铰孔，攻螺纹和套螺纹，二者均可进行。随着加工技术的发展和自动化程度的提高，目前钳工加工的部分工作已被机械加工所替代，机械装配也在一定范围内不同程度地实现机械化和自动化，而且这种替代现象将会越来越多。尽管如此，钳工加工永远也不会被机械加工完全替代，将永远是切削加工中不可缺少的一部分。这是因为，在某些情况下，钳工加工不仅比机械加工灵活、经济、方便，而且更容易保证产品的质量。

2. 切削加工的特点和作用

①切削加工的精度和表面粗糙度的范围广泛，且可获得高的加工精度和低的表面粗糙度。

②切削加工零件的材料、形状、尺寸和重量的范围较大。切削加工多用于金属材料的加工，如各种碳钢、合金钢、铸铁、有色金属及其合金等，也可用于某些非金属材料的加工，如石材、木材、塑料和橡胶等，零件的形状和尺寸一般不受限制，只要能在机床上实现装夹，大都可进行切削加工，且可加工常见的各种型面，如外圆、内圆、锥面、平面、

螺纹、齿形及空间曲面等。切削加工零件重量的范围很大，重的可达数百吨，如葛洲坝一号船闸的闸门，高30多米、重600吨；轻的只有几克，如微型仪表零件。

③切削加工的生产率较高。在常规条件下，切削加工的生产率一般高于其他加工方法。只是在少数特殊场合，其生产率低于精密铸造、精密锻造和粉末冶金等方法。

④切削过程中存在切削力，刀具和工件均要具有一定的强度和刚度，且刀具材料的硬度必须大于工件材料的硬度。因此，限制了切削加工在细微结构与高硬高强等特殊材料加工方面的应用，从而给特种加工留下了生存和发展的空间。

正是因为上述特点和生产批量等因素的制约，在现代机械制造中，目前除少数采用精密铸造、精密锻造以及粉末冶金和工程塑料压制成型等方法直接获得零件外，绝大多数机械零件要靠切削加工成型。因此，切削加工在机械制造业中占有十分重要的地位。它与国家整个工业的发展紧密相连，起着举足轻重的作用。完全可以说，没有切削加工，就没有机械制造业。

3. 切削加工的发展方向

随着科学技术和现代工业日新月异的飞速发展，切削加工也正朝着高精度、高效率、自动化、柔性化和智能化方向发展。主要体现在以下三方面：加工设备朝着数字化、精密和超精密化以及高速和超高速方向发展，目前，普通加工、精密加工和高精度加工的精度已经达到了1微米、0.01微米和0.001微米（毫微米，即纳米），正向原子级加工逼近；刀具材料朝超硬刀具材料方向发展；生产规模由目前的小批量和单品种大批量向多品种变批量的方向发展，生产方式由目前的手工操作、机械化、单机自动化、刚性流水线自动化向柔性自动化和智能自动化方向发展。

21世纪的切削加工技术与计算机、自动化、系统论、控制论及人工智能、计算机辅助设计与制造、计算机集成制造系统等高新技术及理论融合更加密切，出现了很多新的先进制造技术，切削加工正向着高精度、高速度、高效自动化、柔性化和智能化等方向发展，并由此推动了其他各新兴学科和经济的高速发展。

①车削。车削加工是机械零件加工中最常用的一种加工方法。它是利用车刀在车床上完成加工，加工时，工件旋转，车刀在平面内做直线或曲线移动。

车削主要用来加工工件的内外圆柱面、端面、锥面、螺纹、成型回转表面和滚花等。

②铣削。铣削加工就是用旋转的铣刀作为刀具的切削加工。铣削一般在卧式铣床（简称卧铣）、立式铣床（简称立铣）、龙门铣床、工具铣床以及各种专用铣床上或镗床上进行。

铣削可加工平面（按加工时所处位置又分为水平面、垂直面、斜面）、沟槽（包括直角槽、键槽、V形槽、燕尾槽、T形槽、圆弧槽、螺旋槽）和成型面等，还可进行孔加工（包括钻孔、扩孔、铰孔、铣孔）和分度工作。

铣平面是平面加工的主要方法之一，有端铣、周铣和二者兼有三种方式，所用刀具有镶齿端铣刀、套式立铣刀、圆柱铣刀、三面刃铣刀和立铣刀等。镶齿端铣刀生产率高，应用很广泛，主要用于加工大平面。套式立铣刀生产率较低，用于铣削各种中小平面和台阶面。圆柱铣刀用于卧铣铣削中小平面。三面刃用于卧铣铣削小型台阶面和四方、六方螺钉头等小平面。立铣刀多用于铣削中小平面。

③磨削。利用高速旋转的砂轮等磨具，加工工件表面的切削加工称为磨削加工。磨削加工一般在磨床上进行。

磨削用于加工各种工件的圆柱面、圆锥面和平面，以及螺纹、齿轮和花键等特殊、复杂的成型表面。由于磨粒的硬度很高，磨具具有自锐性，磨削可以加工各种材料。磨削的功率比一般的切削大，而金属切除率比一般的切削小，故在磨削之前工件通常都先经过其他切削方法去除大部分加工余量，仅留 0.1~1.0 毫米或更小的磨削余量。

常用的磨削形式有外圆磨削、内圆磨削、平面磨削和无心磨削等。

外圆磨削。主要在普通外圆磨床和万能外圆磨床上进行，具体方法有纵磨法和横磨法两种。采用纵磨法磨削时，工件宽度大于砂轮宽度，工件做纵向往复运动；而横磨法磨削时，工件宽度小于砂轮宽度，工件不做纵向移动。两种方法相比，纵磨法加工精度较高，但生产率较低；横磨法生产率较高，但加工精度较低。因此，纵磨法广泛用于各种类型的生产中，而横磨法只适用于大批量生产中磨削刚度较好、精度较低、长度较短的轴类零件上的外圆表面和成型面。

内圆磨削。主要在内圆磨床和万能外圆磨床上进行。与外圆磨削相比，由于磨内圆砂轮受孔径限制，切削速度难以达到磨外圆的速度，且砂轮轴直径小、悬伸长、刚度差、易弯曲变形和振动，砂轮与工件呈内切圆接触，接触面积大，磨削热多，散热条件差，表面易烧伤。因此，磨内圆比磨外圆生产率低得多，加工精度和表面质量也较难控制。

平面磨削。磨平面在平面磨床上进行，其方法有周磨法和端磨法两种，周磨法就是用砂轮外圆表面磨削的方法，而端磨法就是用砂轮端面磨削的方法。周磨法加工精度高，表面粗糙度值小，但生产率较低，多用于单件小批量生产中，大批量生产中亦可采用。端磨法生产率较高，但加工质量略差于周磨法，多用于大批量生产中磨削精度要求不太高的平面。磨平面常作为铣平面或刨平面后的精加工，特别适宜磨削具有相互平行平面的零件。此外，还可磨削导轨平面。机床导轨多是几个平面的组合，在成批大量生产中，常在专用的导轨磨床上对导轨面做最后的精加工。

④无心磨削。一般在无心磨床上进行，用以磨削工件外圆。无心磨削也有纵磨法和横磨法两种。无心纵磨法主要用于大批量生产细长光滑轴及销钉等零件的外圆磨削。当导轮的轴线与砂轮轴线平行，工件不做轴向移动，称之为无心横磨法。无心横磨法主要用于磨削带台肩而又较短的外圆、锥面和成型面等。

⑤钻削。用钻头或铰刀、锪刀在工件上加工孔的方法统称钻削加工。主要用来钻孔、扩孔、铰孔、锪孔、钻中心孔、攻丝等加工。

钻孔：用钻头在实体材料上加工孔的方法称为钻孔。钻孔是最常用的孔加工方法之一。属于粗加工，麻花钻是钻孔最常用的刀具。

扩孔：用扩孔刀具扩大工件孔径的方法称为扩孔。扩孔所用机床与钻孔相同。可用扩孔钻扩孔，也可用直径较大的麻花钻扩孔。常用的扩孔钻的直径规格为15~50毫米。

铰孔：用铰刀在工件孔壁上切除微量金属层，以提高尺寸精度和降低表面粗糙区的方法称为铰孔。铰孔所用机床与钻孔相同。铰孔可加工圆柱孔和圆锥孔，可以在机床上进行（机铰），也可以手工进行（手铰）。铰孔属于定径刀具加工，适宜加工中批或大批量生产中不宜拉削的孔。

锪孔：用锪钻（或代用刀具）加工平底和锥面沉孔的方法称为锪孔。锪孔一般在钻床上进行，虽不如钻、扩、铰应用那么广泛，但也是一种不可缺少的加工方法。

⑥镗削。镗削加工是利用镗刀刀具在镗床上完成的加工。在镗削加工时，镗床主轴带动镗刀做旋转运动，工件或镗刀做进给运动完成切削加工，是孔加工常用的方法之一。

铣镗床镗孔主要用于机座、箱体、支架等大型零件上孔和孔系的加工。此外，铣镗床还可以加工外圆和平面，主要加工箱体和其他大型零件上与孔有位置精度要求的平面。

（二）机床与刀具

机床就是对金属或其他材料的坯料或工件进行加工，使之获得所要求的几何形状、尺寸精度和表面质量的机器。要完成切削加工，在机床上必须完成所需要的零件表面成型运动，即刀具与工件之间必须具有一定的相对运动，以获得所需表面的形状，这种相对运动称为机床的切削运动。

机床运动包括表面成型运动和辅助运动。表面成型运动，根据其功用不同可分为主运动、进给运动和切入运动。

主运动是零件表面成型中机床上消耗功率最大的切削运动。进给运动是把工件待加工部分不断投入切削区域，使切削得以继续进行的运动。切入运动是使刀具切入工件表面一定深度的运动。辅助运动主要包括工件的快速趋近和退出快移运动、机床部件位置的调整、工件分度、刀架转位、送夹料等。普通机床的主运动一般只有一个。与进给运动相比，它的速度高，消耗机床功率多。进给运动可以是一个或多个。

1. 车床及车刀

车床是机械制造中使用最广泛的一类机床，在金属切削机床中所占的比重最大，占机床总台数的 20%~30%。车床用于加工各种回转表面，如内、外圆柱表面、圆锥面及成型回转表面等，有些车床还能加工螺纹面。

车床的种类很多，按其用途和结构不同，可分为卧式车床、转塔车床、立式车床、单轴和多轴自动车床、仿形车床、多刀车床、数控车床和车削中心、各种专门化车床（如铲齿车床、凸轮轴车床、曲轴车床及轧辊车床）等。

车削加工所用的刀具主要是各种车刀。车刀由刀柄和刀体组成。刀柄是刀具的夹持部分，刀体是刀具上夹持或焊接刀条、刀片的部分，或由它形成切削刃的部分。此外，多数车床还可用钻头、扩孔钻、丝锥、板牙等孔加工刀具和螺纹刀具进行加工。

2. 铣床与铣刀

铣床是用铣刀进行铣削加工的机床。铣床的主运动是铣刀的旋转运动，而工件做进给运动。铣床的种类很多，按其用途和结构不同，铣床分为卧式铣床、立式铣床、万能铣床、龙门铣床、工具铣床以及各种专用铣床。

铣刀是一种多齿刀具，可用于加工平面、台阶、沟槽及成型表面等。铣削加工时，同时切削的刀齿数多，参加切削的刀刃总长度长，所以生产效率高。铣刀是使用量较大的一种金属切削刀具，其使用量仅次于车刀及钻头。铣刀品种规格繁多，种类各式各样。

3. 磨床与砂轮

用磨料或磨具作为切削刀具对工件表面进行磨削加工的机床，称为磨床。磨床是各类金属切削机床中品种最多的一类，主要有：外圆、内圆、平面、无芯、工具磨床和各种专门化磨床等。磨床的应用范围很广，凡在车床、铣床、镗床、钻床、齿轮和螺纹加工机床上加工的各种零件表面，都可在磨床上进行磨削精加工。

砂轮是磨床所用的主要加工刀具，砂轮磨粒的硬度很高，就像一把把锋利的尖刀，切削时起着刀具的作用，在砂轮高速旋转时，其表面上无数锋利的磨粒，就如同多刃刀具，将工件上一层薄薄的金属切除，从而形成光洁精确的加工表面。

砂轮是由结合剂将磨料颗粒黏结而成的多孔体，由磨料、结合剂、气孔三部分组成。磨料起切削作用，结合剂把磨料结合起来，使之具有一定的形状、硬度和强度。由于结合剂没有填满磨料之间的全部空间，因而有气孔存在。

砂轮的组织表示磨粒、结合剂和气孔三者体积的比例关系。磨粒在砂轮体积中所占比例越大，砂轮的组织越紧密，气孔越小；反之，组织越疏松。砂轮磨粒占的比例越小，气孔就越大，砂轮越不易被切屑堵塞，切削液和空气也易进入磨削区，使磨削区温度降低，工件因发热而引起的变形和烧伤减小。但砂轮易失去正确廓形，降低成型表面的磨削精度，增大表面粗糙度。

随着科学技术的不断发展，近年来出现了多种新磨料，使高速磨削和强力磨削工艺得到迅速发展，提高了磨削效率并促进了新型磨床的产生。同时，磨削加工范围不断扩大，如精密铸造和精密锻造工件可直接磨削成成品。

（三）机床夹具

从广义上来说，为保证加工过程中工序的质量和工作安全、提高生产率、减轻工人劳动强度等所采用的一切附加装置都称为夹具。具体来讲，机床夹具就是对工件进行定位、夹紧，对刀具进行导向和对刀，以保证工件和刀具间相对位置关系的附加装置，如卡盘、平口钳、各种钻模等。将刀具在机床上进行定位、夹紧的装置，称为辅助工具，如钻夹头、刀夹、铣刀杆等。

1. 夹具的组成

①定位元件。用来确定工件在夹具中位置的元件。

②夹紧装置。用来夹紧工件，使其保持在正确的定位位置上的夹紧装置和夹紧元件。

③对刀和导引元件。用来确定刀具位置或引导刀具方向的元件。

④连接元件。用来确定夹具和机床之间正确位置的元件。

⑤其他元件及装置。如分度装置、为便于卸下工件而设置的顶出器、动力装置的操作系统等。

⑥夹具体。将上述元件和装置连成整体的基础件。

2. 夹具的功用

①保证加工质量。如保证相互位置精度等。

②提高劳动生产率和降低生产成本。用夹具装夹工件，避免了工件逐件找正和对刀，缩短了安装工件的时间；用夹具容易实现多件、多工位加工，提高了劳动生产率；还可边加工边安装工件，使机动时间与辅助时间重合，进一步缩短辅助时间，从而降低了生产成本。

③扩大机床的工艺范围。在机床上安装夹具可以扩大其工艺范围，如在铣床上加一个转台或分度装置，可以加工有等分要求的零件；在车床上或钻床上安放镗模后可以进行箱体孔系的镗削加工，使车床、钻床具有镗床的功能。

④减轻劳动强度。

3. 夹具的分类

①通用夹具。指已经标准化了的夹具，它具有一定的通用性，适用于不同工件的装夹，它可与通用机床配套，作为通用机床的附件。

②专用夹具。为加工某一零件或为某一道工序而专门设计的夹具。它结构紧凑，针对性强，使用方便，但它的设计与制造周期较长，制造费用也较高。当产品变更时，往往因无法再用而"报废"。因此专用夹具适用于产品固定的批量较大的生产中。

③可调夹具。把通用夹具与专用夹具相结合，通过少量零件的调整、更换就能适应某些零件加工的夹具。可调夹具由基本部分和可调部分组成。基本部分即通用部分，它包括夹具体、动力装置和操纵机构；可调部分即专用部分，是为某些工件或某族工件专门设计的，它包括定位元件、夹紧元件和导向元件等。可调夹具在多品种中、小批工件的生产中被广泛采用。

④组合夹具。是按某一工件的某道工序的加工要求，由一套事先准备好的通用标准元件和部件组合而成的夹具。标准元件包括基础件、支撑元件、定位元件、导向元件、夹紧元件、紧固元件、辅助元件和组件等八类。这些元件相互配合部分尺寸精度高，硬度高及耐磨性好，并有互换性。这些元件组装的夹具用完之后可以拆卸存放，重新组装新夹具时再次使用。采用组合夹具可减轻专用夹具设计和制造的工作量，缩短生产准备周期，具有灵活多变、重复使用的特点，因此在多品种单件小批量生产及新产品试制中尤为适用。

⑤随行夹具。适用于自动线上的一种移动式夹具。工件安装在随行夹具上，随行夹具由运输装置送往各机床，并在机床夹具或机床工作台上进行定位和夹紧。

第二节 典型表面加工工艺

一、平面加工

（一）平面的技术要求与分类

1. 平面的技术要求

形状精度，包括平面的直线度、平面度等；位置精度，包括平面与其他平面或孔之间的位置尺寸精度、平行度和垂直度等；表面质量，包括表面粗糙度、表层加工硬化、残余应力和金相组织等。

2. 平面的分类

根据功能和结构特征，可以将平面分为以下几类：

（1）固定连接平面

如卧式车床主轴箱体与床身的连接面、减速器箱盖与箱体的连接面等，其技术要求有高有低。

（2）导向平面

如各类机床上的导轨面，一般对其精度和表面粗糙度都有较高的技术要求。

（3）回转体的端平面

指轴类零件和盘套类零件与其回转轴线垂直的平面，多起定位作用。此类平面一般与回转轴线有垂直度、平面间的平行度及表面粗糙度等技术要求。

（4）板块与零件的平面

如 V 形块、垫铁、量块、检验平板等，其加工精度和表面质量要求很高。

（二）平面加工方法及特点

1. 刨削平面

（1）刨削运动

刨削常用的机床有牛头刨床和龙门刨床。在牛头刨床上刨削时，刀具的往复直线运动为主运动，工件随工作台的间歇移动为进给运动。在龙门刨床上刨削时，工件随工作台的往复直线运动为主运动，刀具的间歇移动为进给运动。牛头刨床一般适合中小型零件的加工，龙门刨床适合大型零件或多件的加工。

（2）刨削的工艺特点及应用

①适应性较好，费用低。机床结构简单，操作方便。刨刀为单刃刀具，制造方便，容易刃磨，费用较低，刨削加工范围广泛。

②生产率较低。因刨刀回程时不切削，加工不连续，而且在切入、切出工件时，冲击振动较大，限制了刨削速度的提高。但对于狭长平面或长直槽的加工，或在龙门刨床上进行多件、多刀刨削，生产率还是较高的。

③加工质量较低。刨削平面的尺寸精度可达 IT9~IT8，表面粗糙度 R_a 为 3.2~1.6 μm。但刨削的直线度较高。

2. 铣削平面

（1）铣削运动及铣床

铣削平面时，铣刀的旋转是主运动，工件随工作台的运动是进给运动。铣削中小型零件的平面，一般用立式或卧式铣床。铣削大型零件的平面则用龙门铣床，生产率较高，多用于批量生产。

（2）铣削平面的方式及特点

铣削平面的方式有端铣和周铣。端铣是用铣刀端面上的切削刃铣削工件。铣刀的回转轴线与被加工表面垂直，所用刀具称为端铣刀或面铣刀。周铣是用铣刀圆周表面上的切削刃铣削工件。铣刀的回转轴线和被加工表面平行，所用刀具称为圆柱铣刀。此外，还可用圆周表面和端面都有切削刃的立铣刀或三面刃铣刀同时进行周铣和端铣。

（3）铣削与刨削特点的比较

①适应性。因铣削方式、刀具种类多于刨削，另外铣床配有回转工作台、分度头等附件，所以铣削范围比刨削广，适应性好。

②生产率。铣削同时参加的刀齿较多，切削速度也较高，且无刨削的空行程损失，所以生产率较高。但加工狭长平面或长直槽时，刨削比铣削生产率高。

③加工质量。铣削与刨削的加工质量大体相当。

④刀具与机床费用。铣床的结构、操作比刨床复杂，铣刀比单刃刨刀也复杂，其制造、刃磨费时，所以铣削的刀具与机床费用比刨削高。

（三）平面加工方案的分析与选择

在确定平面加工方案时，要根据平面的技术要求，综合考虑生产类型、零件结构、尺寸、工件材料、热处理以及现有的加工条件（如现有设备）等因素，可分别采用车、铣、刨、磨、拉等方法进行加工。要求更高的精密平面，可以用刮削、研磨等方法进行光整加工。回转体零件的端面，多采用车削和磨削；其他类型的平面，以铣削和刨削为主。拉削仅适用于大批量生产中加工技术要求较高且面积不太大的平面，淬硬的平面必须用磨削加工。

二、外圆加工

外圆表面是轴类件、盘套类件的主要表面或辅助表面，也是组成零件的基本表面。

（一）外圆的技术要求

1. 尺寸精度

指外圆直径和长度的尺寸精度。

2. 形状精度

指圆度、圆柱度、轴线直线度等。

3. 位置精度

指与其他外圆轴线或孔轴线间的同轴度，与平面间的垂直度和径向圆跳动等。

4. 表面质量

主要指表面粗糙度、表层加工硬化、残余应力和金相组织等。

（二）外圆加工方法及特点

1. 车削

（1）车削方法

车削是外圆加工的主要工序。工件旋转为主运动，刀具直线移动为进给运动。车外圆可在不同类型车床上进行。单件小批生产中，各种轴、盘、套等类的中小型零件，多在卧式车床上加工；生产率要求高、变更频繁的中小型零件，可选用数控车床加工；大型圆盘类零件（如火车轮、大型齿轮等），多用立式车床加工；成批或大批生产中小型轴、套类件则广泛使用转塔车床、多刀半自动车床及自动车床进行加工。

（2）车削外圆的工艺特点

①容易保证零件各加工面的位置精度。车削时，工件上各表面具有同一个回转轴线。一次装夹中车出外圆、内孔、端平面、沟槽等。能保证各外圆轴线之间及外圆与内孔轴线间的同轴度要求，保证外圆轴线与端面的垂直度等。

②生产率较高。车削的切削过程大多是连续的，切削面积不变，切削力变化很小，切削过程比刨削和铣削平稳，常可采用高速切削和强力切削，生产率较高，车削加工既适宜单件小批生产，也适宜大批大量生产。

③生产成本较低。车刀是刀具中最简单的一种，制造、刃磨和安装均很方便，故刀具费用低，车床附件多，装夹及调整时间较短，加之切削生产率高，故车削成本较低。

④适于车削加工的材料广泛。除难以切削 30HRC 以上硬度高的淬火钢件外，可以车削黑色金属、有色金属及非金属材料，特别适合有色金属零件的精加工。

2. 磨削

磨削是外圆精加工的主要方法，多作为半精车外圆后的精加工工序。对精密铸造、精密模锻、精密冷轧的毛坯，因加工余量小，也可不经车削，直接磨削加工。

（1）磨削方法

外圆磨削多在外圆磨床上进行。外圆磨削可采用纵磨法、横磨法或深磨法，也可在无心磨床上进行加工。

①纵磨法。磨削时砂轮高速旋转为主运动，工件旋转为圆周进给运动，工件直线往复运动为纵向进给运动。每一往复行程终了时，砂轮做周期性横向进给（磨削深度）。每次的磨削深度很小，经多次横向进给磨去全部磨削余量。

②横磨法。磨削时工件不做纵向往复运动，而由砂轮做慢速的横向进给运动，直到磨去全部磨削余量。

③深磨法。工件的运动与纵磨法相同，但在一次走刀中磨去全部余量，因此砂轮不需做横向进给运动，磨削深度可达 0.1~0.35 mm。纵向进给量较小，约为纵磨法的15%。深磨法生产率高，适宜于磨刚性大的短轴。

④无心外圆磨削。无心外圆磨削是一种生产率很高的精加工方法。工件置于磨轮和导轮之间，靠托板支承。由于不用顶尖支承，所以称为无心磨削。

（2）外圆磨削的特点

①可以较容易地达到高精度和电值小的表面粗糙度，同时形位公差还可以达到较高的要求，如圆柱度相同轴度等（无心磨削除外）。其主要原因是：磨床的结构刚性好；砂轮切入运动机构可以精密调节，所以可精密控制切削深度，同时砂轮的磨粒锐利、微细、分布稠密并做高速旋转，每一个磨粒仅从工件表面切下极薄的一层切屑，因而在工作表面留下的残留面积小。

②由于砂轮的磨料硬度和耐热性都高，所以磨削既可以加工未经淬火的钢件和铸铁件，也可以加工金属刀具难以切削的淬火钢和硬质合金等材料。但对于塑性较大、硬度较低的材料（如铜、铝等有色金属），由于其切屑容易嵌塞砂轮，一般不适于磨削，常用精车和精细车代替。

③磨削温度高。磨削时，砂轮表面的磨粒在高速下切削金属，因此金属变形速度很高，磨削区的温度很高，瞬时温度可达 1000 ℃ 左右。磨削的高温使工件表面容易产生烧伤，使金相组织发生变化，表面硬度降低。对于导热性差的材料，磨削的高温容易在工件内部与表层之间产生很大的温度差，使工件表层产生残余应力。当残余应力超过材料的强度极限时，会产生很细的表面裂纹，降低表面质量。

为了减少磨削高温对加工质量的影响，在磨削过程中应采用大量的切削液。切削液不仅可以降低磨削温度，而且可以冲走细碎的切屑以及碎裂和脱落的磨粒，减小砂轮与工件表面的摩擦，从而减小工件的表面粗糙度和提高砂轮的耐用度。

3. 研磨

研磨是用研磨工具和研磨剂，从工件上研去一层极薄表面层的精加工方法。研磨的基本原理是研具以一定的压力作用于工件表面，二者间做复杂的相对运动，靠研磨剂的机械及化学作用，从工件表面切除一层极微薄的金属层，从而获得高精度和低的表面粗糙度。

研磨的工艺特点：研磨除可在专用研磨机床上进行外，也可在改装后的通用机床上研磨，设备和研具均简单；因研磨的切削力小、切削热少，所以可提高尺寸、形状精度、降低表面粗糙度值，但不能纠正位置误差；可加工钢件、铸铁件、铜、铝等有色金属件和高硬度的淬火钢件、硬质合金及半导体元件、陶瓷元件等；研磨对工件进行的是微量切削，前道工序为研磨留的余量，一般不超过 0.01~0.03 mm。

4. 超精加工

超精加工是用细粒度的磨具对工件施加很小的压力，并做往复振动和慢速纵向进给运动，以实现微量磨削的一种光整加工方法。

其特点包括：超精加工除可以在专门机床上进行外，也可以在改装的卧式车床上进行；因超精加工只是切去工件表面的微观凸峰，加工时间很短，一般约为 30~60 s；因超精加工的工件表面呈现交叉致密的网纹，使表面粗糙度可达 0.1~0.08 μm。但超精加工不能提高工件的尺寸精度和形位精度，所以前道工序不留加工余量。

三、内圆加工

（一）内圆的技术要求与分类

1. 内圆的技术要求

（1）尺寸精度

指内圆直径和深度的尺寸精度。

（2）形状精度

指内圆的圆度、圆柱度和轴线直线度等。

（3）位置精度

指内圆与内圆轴线或内圆轴线与外圆轴线间的同轴度，内圆与内圆或内圆与其他表面间的平行度、垂直度等。

（4）表面质量

主要指表面粗糙度、表层加工硬化、残余应力和金相组织等。

2. 内圆（孔）的分类

根据孔的用途和所在零件的位置，可以分为以下几种：

（1）紧固孔和辅助孔

如螺钉孔、螺栓孔等为紧固孔，油孔、气孔等为辅助孔。它们的技术要求不高，尺寸精度通常为 IT12~IT11，表面粗糙度 R_a 为 12.5~6.3 μm。

（2）回转体零件的轴心孔

如套筒、法兰盘、齿轮上与轴配合的孔。它们的尺寸精度、形状精度、位置精度、表面质量一般都有较高的要求。比如，齿轮轴心孔的尺寸精度为 IT8~IT6，表面粗糙度 R_a 为 1.6~0.4 μm。

（3）箱体及支架类零件的轴承孔

这类孔一般分布在一条或几条轴线上，通过轴承孔确定了传动轴的相对位置。它们的尺寸精度、形状精度、位置精度、表面质量一般也有较高的要求。

（4）深孔

孔深与孔径之比大于 5 的孔。

（5）圆锥孔

如车床主轴前端的锥孔及装配用的定位销孔等。

（二）内圆加工方法及特点

1. 钻削（钻孔）

（1）钻孔方法

用钻头在零件的实体部位加工孔叫钻孔。钻孔是一种最基本的孔加工方法。钻孔的加工精度较低，一般只能达到 IT10，表面粗糙度一般为 12.5~6.3 μm，只能用作粗加工。对要求不高的孔，如螺栓过孔、螺纹底孔和油孔，将其钻出即可。对要求较高的孔，如轴承孔和定位孔等，钻孔后还须采用扩孔和铰孔来进行半精加工和精加工，才能达到要求的精度和表面粗糙度。

钻孔可以在车床、钻床或镗床上进行，也可以在铣床上进行。钻孔最常用的刀具是麻花钻头。它是由工作部分、颈部和柄部组成。

（2）钻孔的工艺特点

①易引偏。引偏是孔径扩大或孔轴线偏移和不直的现象。由于钻头横刃定心不准，钻头的刚性和导向作用较差，切入时钻头易偏移、弯曲。在钻床上钻孔易引起孔的轴线偏移和不直；在车床上钻孔易引起孔径扩大。

②排屑困难。钻孔的切屑较宽，在孔内被迫卷成螺旋状，流出时与孔壁发生剧烈摩擦而划伤已加工表面，甚至会卡死或折断钻头。

③切削温度高，刀具磨损快。主切削刃上近钻心处和横刃上皆有很大的负前角，切削时产生的切削热多，加之钻削为半封闭切削，切屑不易排出，切削热不易传散，使切削区温度很高。

2. 扩孔

扩孔是用扩孔钻对工件上已有（铸出、锻出或钻出）孔进行的扩大加工，提高孔的精度、减小表面粗糙度值。扩孔的公差等级为 IT10~IT9，表面粗糙度 R_a 为 6.3~3.2 μm，属于半精加工。

扩孔时，加工余量比钻孔时小得多，因此扩孔钻的结构和切削情况比钻孔时要好。

扩孔钻与麻花钻在结构上相比有以下特点：

（1）刚性较好

由于扩孔的切削深度小，切屑少，容屑槽可做得浅而窄，使钻心比较粗大，增加了工作部分的刚性。

（2）导向性较好

由于容屑槽浅而窄，可在刀体上做出 3~4 个刀齿，这样一方面可提高生产率，同时也增加了刀齿的棱边数，从而增强了扩孔时刀具的导向及修光作用，切削比较平稳。

（3）切削条件较好

扩孔钻的切削刃不必自外缘延续到中心，无横刃避免了横刃和由横刃引起的不良影响。轴向力较小，可采用较大的进给量，生产率较高。此外，切屑少，排屑顺利，不易刮伤已加工表面。

由于上述原因，扩孔比钻孔的精度高，表面粗糙度 R_a 值小，且在一定程度上可校正原有孔的轴线偏斜。扩孔常作为铰孔前的预加工，对于质量要求不太高的孔，扩孔也可作为最终加工工序。

（三）内圆加工方案的分析与选择

1. 机床的选择

孔加工常用机床有车床、钻床、镗床、拉床、磨床以及特种加工机床等，同一种孔的加工，有时可以在几种不同的机床上进行。大孔和孔系则常在镗床上加工。拟订孔的加工方案时，应考虑孔径的大小和孔的深浅、精度和表面粗糙度等的要求；还要根据工件的材料、形状、尺寸、重量和批量以及车间的具体生产条件，考虑孔加工机床的选用。

2. 孔加工方案分析

①若在实体材料上加工孔（多属中、小尺寸的孔），必须先采用钻孔。若是对已经铸出或锻出的孔（多为中、大型孔）进行加工，则可直接采用扩孔或镗孔。

②至于孔的精加工，铰孔和拉孔适于加工未淬硬的中、小直径的孔；中等直径以上的孔，可以采用精镗或精磨；淬硬的孔只能用磨削进行精加工。

③在孔的光整加工方法中，珩磨多用于直径稍大的孔，研磨则对大孔和小孔都适用。

④孔加工与外圆面加工相比，虽然在切削机理上有许多共同点，但孔加工刀具的尺寸受所加工孔限制，加工孔时刀具又处在工件材料的包围之中，切屑不易排除，因此，加工同样精度和表面粗糙度的孔，要比加工外圆面困难，成本更高。

四、螺纹加工

（一）螺纹的技术要求与分类

1. 螺纹的分类

螺纹按其用途不同可以分为两类：

（1）连接螺纹

用于零件间的固定连接，如各种螺栓和螺钉的螺纹。

（2）传动螺纹

用于传递动力和运动，如机床的丝杠螺纹。

螺纹又根据其截形不同分为三角螺纹、梯形螺纹和方牙螺纹等，其中，三角螺纹主要用于连接，梯形螺纹和方牙螺纹主要用作传动。

2. 螺纹的技术要求

与其他类型表面一样，对螺纹表面也有精度及表面质量的要求。但是，由于螺纹的用途和使用要求不同，对不同螺纹的技术要求也不相同。对连接螺纹及无传动精度要求的传动螺纹，一般只对中径顶径（外螺纹大径、内螺纹小径）有精度要求。对有传动精度要求或用于读数的螺纹（如千分尺测量杆的螺纹等），除对中径和顶径提出精度要求外，还对螺距和牙型角规定有精度要求，以保证传动和读数的准确性，同时对螺纹的表面粗糙度和硬度等也有较高的要求。

（二）螺纹加工方法及特点

1. 攻螺纹和套螺纹

用丝锥加工螺纹称为攻螺纹；用板牙加工螺纹称为套螺纹。攻螺纹和套螺纹主要用来加工直径较小的三角螺纹。单件和小批生产时，攻螺纹和套螺纹常由钳工在台虎钳上进行，有时也在车床或钻床上进行。大批量生产时，攻螺纹常在专用机床上进行。

攻螺纹和套螺纹一般只能加工精度要求低的螺纹，常用于加工 M16 以下的普通螺纹，最大不超过 M50。

2. 车螺纹

车螺纹是加工螺纹的基本方法，可加工各种螺纹。其加工原理是工件每转 1 转，车刀在进给方向上移动 1 个导程的距离。

螺纹车刀是成型车刀。单齿螺纹车刀结构简单，适应性广，可加工各种形状、尺寸及精度的未淬硬工件的内、外螺纹；但其生产率低，只适用于单件小批量生产。当生产批量较大时，常采用螺纹梳刀。螺纹梳刀实际上是多齿成型车刀，这种车刀一次进给就能加工出全部螺纹，效率高，适用于大批量生产细牙螺纹。一般螺纹梳刀加工精度不高，不能加工精密螺纹。车螺纹可在卧式车床和螺纹车床上进行。卧式车床车削螺纹的螺距精度一般可达 8~9 级，螺纹车床加工螺纹的生产效率和精度比较高。车螺纹的最高精度可达 4~6 级，表面粗糙度 R_a 为 3.2~0.8 μm。

3. 铣螺纹

铣螺纹比车螺纹生产效率高，但螺纹精度低，在成批大量生产中广泛采用。铣螺纹一般在专门的螺纹铣床上进行。根据所用铣刀的结构不同，铣螺纹可以有三种加工方式。

（1）盘形铣刀铣螺纹

这种方法适合加工大螺距丝杠、梯形外螺纹和蜗杆等。加工时铣刀轴线对工件轴线的倾角等于螺纹导程角，工件转 1 转，铣刀或工件沿工件轴向移动 1 个工件导程。这种方法加工精度较低，通常作为粗加工，铣后用车削进行精加工。

（2）梳形铣刀铣螺纹

加工时，铣刀除旋转外，还缓慢地进行轴向移动。工件每转 1 转，铣刀或工件沿轴向移动 1 个导程，工件转 1.25 转，便能切出全部螺纹（最后的 1/4 转主要是修光螺纹）。这种方法生产效率高，螺距精度可达 8~9 级，表面粗糙度为 3.2~0.63 pm。这种方法适合成批加工一般精度低并且长度短而螺距不大的三角形内、外（可加工紧靠肩轴的）螺纹和圆锥螺纹。

（3）旋风铣刀铣螺纹

这是利用装在特殊旋转刀盘上的多把硬质合金刀头（一般为1~4把）或梳刀，从工件上高速铣出螺纹的方法。它可以在专用的旋风铣床上进行，也可以在改装后的车床上进行。

旋风铣螺纹主要用于加工长度大、不淬硬的外螺纹，如丝杠、螺旋送料杆、大模数蜗杆、注塑机螺杆等长工件；也可加工大直径的内螺纹，如滚珠丝杠螺母、梯形丝杠螺母、环形槽等；尤其适合加工无退刀槽、有长键槽和平面的螺纹件。

五、齿形加工

（一）齿轮的技术要求与分类

1. 齿轮的分类

齿轮是传递运动和动力的重要零件，种类很多。其中直齿和斜齿圆柱齿轮用于两平行轴间的传动；直齿锥齿轮用于两相交轴间的传动；螺旋圆柱齿轮用于两交错轴间的传动。上述齿轮中，直齿圆柱齿轮是最基本的也是应用最广泛的一种。目前齿轮的齿形曲线大多采用渐开线齿形的齿轮，这种齿轮具有传动平稳、制造和装配简单的优点。以下介绍主要讲述渐开线圆柱齿轮的齿形加工内容。

2. 齿轮的技术要求

对于齿轮，除了有尺寸精度、形位精度和表面质量的要求外，根据齿轮传动特点和不同用途，还对齿轮传动性能提出如下精度要求：

（1）圆柱齿轮传动精度的要求

①传递运动的准确性。要求主动齿轮转过一定角度，从动齿轮按速比关系也应准确地转过一个相应的角度。为此，要求齿轮在一转中，其最大转角误差不能超出允许的范围。

②传动的平稳性。要求齿轮在一转中多次重复出现的瞬时速比变化不能超出允许的范围。否则，造成齿轮传动不平稳，产生忽快忽慢现象，引起冲击、振动和噪声。

③载荷分布的均匀性。要求齿轮啮合时，齿面接触良好，使齿面载荷均匀分布，以免引起载荷集中，造成齿面局部严重磨损，甚至轮齿断裂破坏，影响齿轮使用寿命。

（2）齿轮的精度等级及选择

齿轮有12个精度等级，由高至低依次为1，2，3，…，12级，其中1级、2级是远景规划级，目前尚难以制出，机械制造中常用的是6~9级。

（3）传动侧隙

一对齿轮啮合传动时，要求非工作齿面的齿侧应有一定的间隙，即齿侧间隙。它可以补偿齿轮和箱体受载荷作用和温升而产生的变形，也可以防止因箱体和齿轮制造、装配误差造成齿轮被卡住和烧伤。另外，此间隙可贮存一定的润滑油，在工作齿面形成润滑油膜，减少磨损。齿侧间隙是通过控制轮齿的厚度得到的，即分度圆上的实际齿厚略小于理论齿厚。

（二）圆柱齿轮齿形加工方法及特点

1. 铣齿

（1）铣齿方法

在卧式铣床上，用成型法铣削直齿圆柱齿轮，成型铣刀旋转为主运动，工作台的纵向移动为进给运动。每铣完一个齿槽后，工件退回，按齿数进行分度，再铣下一个齿槽，重复此过程，直至铣出全部轮齿。

（2）铣齿的特点

铣齿可在普通铣床上进行，刀具的制造简单、刃磨方便，因此设备和刀具的费用较低；铣齿时，每铣完一个齿槽都要重新退刀、分度、切入等操作，辅助时间较多，生产率较低；由于铣刀分号的原因，铣齿只能加工出近似的齿形，齿形误差较大；另外，分度头有较大的分度误差，使分齿不均匀。所以，铣齿精度较低，仅能达 $9 \sim 12$ 级，齿面粗糙度 R_a 为 $6.3 \sim 3.2 \ \mu m$。所以，成型法铣齿一般仅用于单件小批量生产和修配中，制造低速、低精度的齿轮。

2. 滚齿

滚齿是用齿轮滚刀在滚齿机上按展成法加工齿轮的方法。

滚齿过程相当于一对交错轴斜齿轮相啮合的过程。若将其中一个斜齿轮的齿数减少到 $1 \sim 2$ 个齿，而螺旋角增加到近 $90°$，此斜齿轮就相当于渐开线蜗杆。这个蜗杆用高速工具钢制造，并在垂直于螺旋线方向开出多条沟槽（即容屑槽），从而形成多排刀齿。沟槽的一个侧面成为刀齿的前面，它与螺旋面的交线形成一个顶刃和两个侧刃，再进行铲背得到后面，蜗杆就变成齿轮滚刀，使滚刀与齿坯间保持正确的相对运动，切削刃就包络出渐开线齿形。

3. 插齿

插齿是用插齿刀在插齿机上按展成法加工齿轮的方法。

插齿是按一对圆柱齿轮相啮合的原理进行加工的。若将其中一个齿轮的端平面做成内锥面，以形成前角，同时，使其齿顶圆和齿根圆分别分布在两个同轴线的圆锥面上，以形成后角，经过上述变化并用高速钢制造的这个齿轮就成为插齿刀。强制插齿刀与齿坯间啮合运动的同时，使插齿刀做上下往复运动，则切削刃在齿坯上包络出渐开线的齿形。

4. 研齿

研齿是用研磨轮在研齿机上对齿轮进行光整加工的方法，加工原理是使工件与轻微制动的研磨轮做无间隙的自由啮合，并在啮合的齿面间加入研磨剂，利用齿面的相对滑动，从被研齿轮的齿面上切除一层极薄的金属，达到减小表面粗糙度 R_a 值和校正齿轮部分误差的目的。

（三）圆柱齿轮齿形加工方案的分析与选择

齿形加工是齿轮加工工艺过程中重要的阶段。齿形加工方法的选择应考虑齿轮精度等级、结构、形状、热处理和生产批量等因素。

对于轴向滑移变速齿轮，为了便于进入啮合状态，以及避免淬火和渗碳后齿端锐边变脆，造成传动时易崩裂，须进行齿端倒棱。此工序一般安排在滚齿（或插齿）之后淬火之前进行。倒棱一般可用钳工加工，当生产批量较大时可以在专用齿轮倒角机上加工。

六、成型表面加工

（一）成型表面的分类

成型表面的种类很多，按其几何特征，大致可分为三种类型。

1. 回转成型面

由一条母线（曲线）绕一固定轴线旋转而成。如各种机床手柄、滚动轴承内外圈的圆弧滚道等，如图 2-1（a）所示。

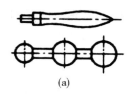(a) (b) (c) (d)

图 2-1　各种成型面

2. 直线成型面

以一条直线作为母线，沿一条曲线平行移动而成。如各种类型的凸轮、汽轮机叶片和冲裁模的凸模等，如图 2-1（b）所示。

3. 立体成型面

零件各个剖面具有不同的轮廓形状，如斜流泵导叶及锻模、压铸模的型腔等，如图 2-1（c）（d）所示。

由于绝大多数的成型面是为了实现某种特定功能而专门设计的，为此，成型面的技术要求除了包括尺寸精度和表面粗糙度之外，有的还有严格的形状精度要求。

（二）成型表面的加工方法

按成型面的加工原理划分，有三种加工方法。

1. 成型刀法

成型刀法是用与被加工工件轮廓形状相符的成型刀具直接加工出成型面的一种加工方法。常见的有车削成型面、刨削成型面、铣削成型面和拉削成型面。这种加工方法生产效率较高，但刀具刃磨困难，加工时容易引起振动，仅适用于批量大、刚度好的成型面加工。

2. 手动控制法

手动控制法是由手工操纵机床，刀具相对工件做成型运动而加工出成型面的一种方法。车削过程中需要用样板度量，以保证成型面的加工质量。手动控制法加工成型面无须选择特殊的设备和专用刀具，成型面的形状和大小也不受限制，但对加工者有较高的操作技能的要求。

3. 靠模法

靠模法是刀具由一传动机构带动，跟随靠模轮廓线移动而加工出与该靠模轮廓线相符的成型面的一种加工方法。常见的有机械传动靠模法加工和液压传动靠模法加工两种方式。

（1）机械传动靠模法加工成型面

拆去车床中拖板里的横丝杆，将连接板一端固定在中拖板上，另一端与滚柱连接。当大拖板做纵向移动时，滚柱沿着靠模的曲线槽移动，车刀随之做相应的移动，即可车出所需的成型面。

（2）液压传动靠模法加工成型面

当铣刀连同靠模销一起做纵向或横向自动进给时，靠模销沿着靠模滑动，靠模外轮廓曲线使靠模销产生了轴向移动。当靠模销向上移动时，柱塞也同时向上移动，这时从油泵出来的压力油经过油管流入油室，再经过油管流入活动油缸的上腔，带动指状铣刀向上移动。此时，与油缸连在一起的壳体也向上移动，这样就关闭了油管，油终止流入油缸内。当上述液压机构上移时，油缸下腔内的油被挤出，经油路流入油室，再经油管流回油池。当靠模销下移时，在压缩弹簧的作用下，靠模机构产生相反的移动。为此，使铣刀始终"跟随"靠模销运动，即可铣出具有相应外轮廓的工件。这种加工方法适用于大批量生产中尺寸较大的成型面的加工。

（三）复杂曲面的加工

三维曲面的切削加工，主要采用仿形铣和数控铣的方法或特种加工方法。仿形铣必须有原型作为靠模。加工中球头仿形头，一直以一定压力接触原型曲面。仿形头的运动变换为电感量，加工放大控制铣床三个轴的运动，形成刀头沿曲面运动的轨迹。铣刀多采用与仿形头等半径的球头铣刀。数控技术的出现为曲面加工提供了更有效的方法。在数控铣床或加工中心上加工时，是通过球头铣刀逐点按坐标值加工而成的。采用加工中心加工复杂曲面的优点是：加工中心上有刀库，配备几十把刀具。曲面的粗、精加工，可用不同刀具加工，对凹曲面的不同曲率半径，也可选用适当的刀具。同时，可在一次安装中加工各种辅助表面，如孔、螺纹、槽等，这样充分保证了各表面的相对位置精度。

第三节 精密与超精密加工

一、精密和超精密切削加工

（一）精密和超精密切削加工的分类

根据加工表面及加工刀具的特点，精密和超精密切削加工可分为四类。

精密切削研究是从金刚石车削开始的。应用天然单晶金刚石车刀对铝、铜和其他软金属及其合金进行切削加工，可以得到极高的加工精度和极低的表面粗糙度，从而产生了金刚石精密车削方法。在此基础上，又发展了金刚石精密铣削和镗削的加工方法，它们分别用于加工平面、型面和内孔，也得到了极高的加工精度和表面质量。金刚石刀具精密切削是当前加工软金属材料最主要的精密加工方法。除金刚石刀具材料外，还发展了立方氮化硼、复方氮化硅和复合陶瓷等新型超硬刀具材料，它们主要用于黑色金属的精密加工。

（二）金刚石刀具精密切削

金刚石刀具精密切削是指用金刚石刀具加工工件表面，获得尺寸精度为 0.1 μm 数量级和表面粗糙度 R_a 为 0.01 μm 数量级的超精加工表面的一种精密切削方法。欲达到 0.1 μm 数量级的加工精度，在最后一道加工工序中，就必须能切除厚度小于 1 pm 的表面层。

1. 金刚石刀具精密切削机理

金刚石刀具能否切除微薄的金属层，主要取决于刀具的锋利程度。刀具的锋利程度，一般以刀具切削刃的刃口圆角半径 r 的大小来表示。r 越小，切削刃越锋利，切除微小余量就越顺利。刀具的刃口圆角半径 r 与刀片材料的晶体微观结构有关。硬质合金刀片即使经过仔细研磨也难达到 r 为 1 μm，而单晶体金刚石车刀的刃口圆角半径 r 可达 0.02 μm。此外，金刚石与有色金属的亲和力极低，摩擦系数小，切削有色金属时不产生刀瘤。因此，单晶体金刚石精密切削是加工铜、铝或其他有色金属材料，获得超精密加工表面的一种精密切削方法。例如，用金刚石刀具精密切削高密度硬磁盘的铝合金基片，表面粗糙度 R_a 可达 0.003 μm，平面度可达 0.2 μm。

2. 影响金刚石刀具精密切削的因素

金刚石刀具材料的材质、几何角度、刃磨质量及对刀等；金刚石刀具精密切削机床的精度、刚度、稳定性、抗振性和数控功能；被加工材料的均匀性和微观缺陷；工件的定位和夹紧；工作环境，如恒温、恒湿、净化和抗震条件等。

用金刚石刀具进行超精密切削，用于加工铝合金、无氧铜、黄铜、非电解镍等有色金属和某些非金属材料。现在用于加工陀螺仪、激光反射镜、天文望远镜的反射镜、红外反射镜和红外透镜、雷达的波导管内腔、计算机磁盘、激光打印机的多面棱镜、录像机的磁头、复印机的硒鼓等。

二、精密和超精密磨削加工

精密和超精密磨削加工是利用细粒度的磨粒和微粉对黑色金属、硬脆材料等进行加工，得到高加工精度和低表面粗糙度值的方法。对于铜、铝等及其合金等软金属，用金刚石刀具进行超精密车削是十分有效的，而对于黑色金属、脆性材料等，用精密和超精密磨料加工在当前是最主要的精密加工方法。

（一） 精密和超精密磨削加工的分类

精密和超精密磨削加工可分为固结磨料加工和游离磨料加工。

1. 固结磨料加工

将磨料或微粉与结合剂黏合在一起，制成一定的形状并具有一定强皮的坯料，再采用烧结、黏结、涂敷等方法形成砂轮、砂条、油石、砂带等磨具，其中用烧结方法形成砂轮、砂条、油石等称为固结磨具；用涂敷方法形成砂带，称为涂敷磨具或涂覆磨具。

2. 游离磨料加工

在加工时，磨粒或微粉不固结在一起，而是呈游离状态。传统加工方法是研磨和抛光。近年来，在这些传统工艺的基础上，出现了许多新的游离磨料加工方法，如磁性研磨、弹性发射加工、液体动力抛光、液中研磨、挤压研抛等。

（二） 常用精密和超精密磨削方法

1. 超硬磨料砂轮磨削

超硬磨料砂轮目前主要指金刚石和立方氮化硼（CBN）砂轮，主要用来加工各种高硬度、高脆性的难加工材料，如硬质合金、陶瓷、玻璃、半导体材料及石材等。

（1）超硬磨料砂轮磨削特点

①可用来加工各种高硬度、高脆性金属和非金属难加工材料，如陶瓷、玻璃、半导体材料、宝石、铜铝等有色金属及其合金、耐热合金钢等。由于金刚石砂轮易和铁族元素产生化学反应，故适于用立方氮化硼砂轮来磨削硬而韧的黑色金属材料及高温硬度高、热导率低的黑色金属材料。立方氮化硼砂轮比金刚石砂轮有更好的热稳定性和更强的化学惰性，其热稳定性可达 $1250 \sim 1350$ ℃，而金刚石磨料只有 $700 \sim 800$ ℃。

②磨削能力强，耐磨性好，耐用度高，易于控制加工尺寸及实现加工自动化。

③磨削力小，磨削温度低，加工表面质量好，无烧伤、裂纹和组织变化。

④磨削效率高。在加工硬质合金及非金属硬脆材料时，金刚石砂轮的金属切除率优于立方氮化硼砂轮，但在加工耐热钢、钛合金、模具钢等时，立方氮化硼砂轮远高于金刚石砂轮。

⑤加工成本低。虽然金刚石砂轮和立方氮化硼砂轮比较昂贵，但其寿命长，加工效率高，工时少，综合成本低。

（2）超硬磨料砂轮的修整

超硬磨料砂轮的修整机理是除去金刚石颗粒之间的结合剂，使金刚石颗粒露出来，而不是把金刚石颗粒修锐出切削刃。砂轮的修整过程可以分为整形和修锐两个阶段。整形是使砂轮达到一定几何形状的要求，修锐是去除磨粒间的结合剂，使磨粒突出结合剂一定高度（一般是磨料尺寸的1/3左右），形成足够的切削刃和容屑空间。

2. 精密和超精密砂带磨削

砂带磨削是一种新的高效磨削方法，能达到高的加工精度和表面质量，具有广泛的应用前景，可以补充或部分代替砂轮磨削。

（1）砂带磨削方式

砂带磨削方式从总体上可以分为闭式和开式两大类。

①闭式砂带磨削。采用无接头或有接头的环形砂带，通过张紧轮撑紧，由电动机通过接触轮（主动轮）带动砂带高速回转，同时工件回转，砂带头架或工作台做纵向及横向进给运动，从而对工件进行磨削。这种方式效率高，但噪声大，易发热，可用于粗加工、半精加工和精加工。

②开式砂带磨削。采用成卷砂带，由电动机经减速机构通过卷带轮带动砂带极缓慢地移动，砂带绕过接触轮并以一定的工作压力与工件被加工表面接触，工件回转，砂带头架或工作台做纵向及横向进给，从而对工件进行磨削。由于砂带在磨削过程中的缓慢移动，切削区域不断出现新砂粒，磨削质量高且稳定，磨削效果好，但效率不如闭式砂带磨削。多用于精密和超精密磨削中。

（2）砂带磨削的特点及其应用范围

①砂带磨削时，砂带本身有弹性，接触轮外缘表面有橡胶层或软塑料层，砂带与工件是柔软接触，磨粒载荷小而均匀，具有较好的跑合和抛光作用，同时又能减震，因此工件的表面质量较高，表面粗糙度 R_a 可达 $0.05 \sim 0.01 \ \mu m$。砂带磨削又有"弹性"磨削之称。

②用静电植砂法制作砂带时，易于使磨粒有方向性，同时磨粒的切削刃间隔长，摩擦生热少，散热时间长，切削不易堵塞，切削力和切削热作用小，有较好的切削性，有效地减少了工件变形和表面烧伤。开式砂带磨削，由于不断有新磨粒进入磨削区，钝化的磨粒不断退出磨削区，磨削条件稳定，切削性能更好。工件的尺寸精度可达 $5 \sim 0.5 \ \mu m$，平面度可达 $1 \ \mu m$。砂带磨削又有"冷态"磨削之称。

③砂带磨削效率高，可以与铣削和砂轮磨削媲美。强力砂带磨削的效率可为铣削的10倍，普通砂轮磨削的5倍。砂带无须修整，磨削比（切除工件质量与磨粒磨损质量之比）可高达300：1甚至400：1，而砂轮磨削一般只有30：1。砂带磨削方法早已有之，近年来由于基底材料强度和磨粒与基底的黏结强度有了极大的提高，才使得砂带磨削焕发新生，有了"高效"磨削之称。

④砂带制作比砂轮简单方便，无烧结、动平衡等问题，价格也比砂轮便宜。砂带磨削设备结构简单，可制作砂带磨削头架，安在各种普通机床上进行磨削，使用方便，制作成本低廉。

⑤砂带磨削可加工外圆、内圆、平面和成型表面，有很强的适应性。砂带不仅可加工各种金属材料，而且可加工木材、塑料、石材、水泥制品、橡胶等非金属材料，此外，还能加工硬脆材料，如单晶硅、陶瓷和宝石等。开式砂带磨削加工铜、铝等软材料表面良好，独具特色。

3. 微细加工技术

（1）微细加工的概念

现代制造技术有两大发展趋势，一是向着自动化、柔性化、集成化、智能化等方向发展，使制造技术形成一个系统，进行设计、工艺和生产管理集成，统称为制造系统自动化；二是寻求固有制造技术自身微细加工的极限，也就是说，能够加工零件的微小尺寸极限是多少，所以微细加工技术是指制造微小尺寸零件的加工技术。

从广义的角度来说，微细加工包括了各种传统的精密加工方法（如切削加工、磨料加工等）及特种加工方法（如外延生长、光刻加工、电铸、激光束加工、电子束加工、离子束加工等），属于精密加工和超精密加工范畴。从狭义的角度来说，微细加工主要指半导体集成电路制造技术，因为微细加工技术的出现和发展与大规模集成电路有密切关系，其主要技术有外延生长、氧化、光刻、选择扩散和真空镀膜等。目前，微小机械发展十分迅速，它是用各种微细加工方法在集成电路基片上制造出的各种微型运动机械。

（2）微细加工方法

由于微细加工与集成电路的制造关系密切，所以通常从机理上来分类，包括分离（去除）加工、结合加工、变形加工等。

①分离加工与精密加工相同，又分为切削加工、磨料加工、特种加工和复合加工。

②结合加工又可分为附着、注入、接合三类。附着指附加一层材料；注入是指表层经处理后产生物理、化学、力学性质变化，可统称为表面改性，或材料化学成分改变，或金相组织变化；接合指焊接、黏结等。

③变形加工主要指利用气体火焰、高频电流、热射线、电子束、激光、液流、气流和微粒子流等的力、热作用使材料产生变形而成型，是一种很有前途的微细加工方法。

三、精密和超精密加工的特点及发展

（一）精密加工和超精密加工的工艺特点

1. "进化"加工

一般加工时，工作母机（机床）的精度总是要比被加工零件的精度高，这一规律称之为"蜕化"原则，或称"母机"原则。对于精密加工和超精密加工，由于工件的精度要求很高，用高精度的"母机"有时甚至已不可能，这时可利用精度低于工件精度要求的机床设备，借助工艺方法和特殊工具，直接加工出精度高于"母机"的工件，这是直接式的"进化"加工。另外，用较低精度的机床和工具，制造出加工精度比"母机"精度更高的机床和工具（即第二代"母机"工具），用第二代"母机"加工高精度工件，为间接式的"进化"加工。两者统称"进化"加工，或称创造性加工。

2. 加工设备精度高、技术先进

一般来说，超精密加工设备是实现超精密加工的首要条件，其有关精度，如平行度、垂直度、同轴度等，都在向亚微米级（0.1 μm）靠近。设备的关键元件，如主轴系统的轴承，一般采用空气静压轴承或液体静压轴承，前者的径向跳动和轴向跳动不超过 0.05 μm。导轨结构可采用液体静压导轨、空气静压导轨（气浮导轨）及弹性导轨，其中弹性导轨已用于微动工作台上。

3. 超稳定的加工环境

加工环境的极微小变化都可能影响加工精度，因此，超精密加工必须在超稳定的加工环境条件下进行。超稳定环境条件主要是指恒温、防振和超净三方面的条件。

（1）恒温

当温度增加 1 ℃时，直径为 50 mm 的外圆，其直径就会增大近 0.6 μm。超精密加工要达到亚微米级或更高精度，就必须保证加工区极严格的热稳定性。因此，超精密加工必须在严密的多层恒温条件下进行，即不仅放置机床的房间应保证恒温，还要对机床采取特殊的恒温措施。

（2）防振

精密和超精密加工对振动环境的要求越来越高，这是因为工艺系统内部和外部的振动干扰，会使得加工与被加工物体之间产生多余的相对运动而无法达到需要的加工精度和表面质量。例如，在精密磨削时，如果有振动干扰会产生多角形的轮廓形状而影响加工精度，表面粗糙度也达不到要求。只有将磨削时的振幅控制在 $1 \sim 2$ μm 时，才可能获得 $R_a\ 0.01$ μm 以下的表面粗糙度。为了防止机床振动对超精密加工带来危害，必须设法提高超精密加工过程的动态稳定性。一方面，在机床设计和制造上采取各种措施，使机床本身具有极好的动态特性；另一方面，必须采用完善的隔振系统，以隔离外界振动的影响。例如，某精密刻线机安装在工字钢和混凝土防振床上，能有效地隔离频率为 $6 \sim 9$ Hz、振幅为 $0.1 \sim 0.2$ μm 的外来振动。

（3）超净

在一般环境下，空气中存在着大量的尘埃，绝大部分尘埃直径小于 1 μm，但也有大于 1 μm，甚至超过 10 μm 的。这些尘埃如果落在加工表面上，则可能将表面拉伤，如果落在量具测量表面上，就会造成操作者或质量检验员的判断错误。因此，超精密加工必须有超净的工作环境，必须对周围的空气进行净化，使加工区域达到很高的净化度。

（4）误差补偿

减少加工误差是提高超精密加工精度的又一重要问题。减少加工误差的途径有两条：一是误差预防，即通过提高机床和工艺装备制造精度、保证加工环境的稳定性等方法减少误差源或减少误差源的影响，从而使误差消失或减少；二是误差补偿，即通过对加工过程建模，测量或预防输入，以这些信息为依据，提供一附加输入，将其与未经校正的误差相加，从而消除或减少补偿后的误差输出。采用这种方法，可以在精度较低的机床设备上加工出高一级精度的工件。目前，由于传感器技术、计算机技术、信号处理技术和自动控制技术等各项技术已取得很大发展，因此这种方法越来越受到国内外专家的重视。

（5）超精密测量技术

测量仪器的精度一般要比机床加工精度高一个数量级，而超精密加工的精度已较稳定地达到亚微米级，甚至可达到百分之几微米的水平，因此，测量仪器的精度就应该具备纳米级的水平。

为了满足纳米精度检测的要求，发展了高精度的多次光波干涉显微镜和重复反射干涉仪，其分辨率可达 0.05 μm。近年发展起来的激光干涉仪的分辨率可达 $0.02 \sim 0.125$ μm。

由于大、中规模线性运算放大器的发展，高放大倍数、高稳定性和高可靠性的放大器得以实现，因此，电测仪器在近年来也得到了飞速发展，出现了重复精度为 0.5 μm 的电气测微仪。

（二）精密加工和超精密加工的发展途径

1. 研制精密加工设备

要发展精密加工和超精密加工就要研制精密加工设备。例如，生产高精密的机床，采用气体静压轴承、气体静压导轨等。对于批量生产的精密元件应制造高精度的工作母机，如蜗轮工作母机等。

2. 重视传统加工方法的进一步开发

在精密加工和超精密加工的发展中，应该重视把传统加工方法和新加工方法结合起来。研磨、刮研是典型的传统加工方法，这些方法既简单又可靠，即使在现代制造技术中仍未失去其价值，不应该片面地认为它们落后，而应将它们与新技术结合起来，如超声波研磨、超声波刮研等就是这种结合的产物。在精密加工中，往往是用"以粗干精"的加工原则，即用低精度的设备和工具加工出高精度的工件。研磨就是一个突出的例子。

3. 用新技术改造旧机床

用新技术改造旧机床，提高旧机床的精度，是解决加工精密元件所需设备的重要措施。对一些旧机床进行微机数字控制改造，或安装校正装置、数字显示装置，都可以提高机床的精度。采用静压轴承、气体静压导轨可以提高机床的几何精度。

4. 发展精密测量技术

超精密加工技术是一项包含内容极其广泛的系统工程。只有将各个领域的技术成就综合起来，才有可能进一步提高加工精度和表面质量，而超精密加工技术的提高又推动着各项科学技术的进一步发展。

第四节　特种加工

一、概述

特种加工是利用诸如化学、物理（电、声、光、热、磁）、电化学的方法对材料进行加工的。与传统的机械加工方法相比，它具有一系列的特点，能解决大量普通机械加工方法难以解决甚至不能解决的问题，因而自其产生以来，得到迅速发展，并显示出极大的潜力和应用前景。

特种加工的主要优点为：

①加工范围不受材料物理、力学性能的限制，具有"以柔克刚"的特点。可以加工任何硬的、脆的、耐热或高熔点的金属或非金属材料。

②特种加工可以很方便地完成常规切（磨）削加工很难甚至无法完成的各种复杂型

面、窄缝、小孔，如汽轮机叶片曲面、各种模具的立体曲面型腔、喷丝头的小孔等加工。

③用特种加工可以获得的零件精度及表面质量有其严格的、确定的规律性，充分利用这些规律性，可以有目的地解决一些工艺难题和满足零件表面质量方面的特殊要求。

④许多特种加工方法对工件无宏观作用力，因而适合于加工薄壁件、弹性件；某些特种加工方法则可以精确地控制能量，适于进行高精度和微细加工；还有一些特种加工方法则可在可控制的环境中工作，适于要求无污染的纯净材料的加工。

⑤不同的特种加工方法各有所长，它们之间合理的复合工艺，能扬长避短，形成有效的新加工技术，从而为新产品结构设计、材料选择、性能指标拟订提供更为广阔的可能性。

特种加工方法种类较多，主要的有：化学加工（CHM）、电化学加工（ECM）、电化学机械加工（ECMM）、电火花加工（EDM）、电接触加工（RHM）、超声波加工（USM）、激光束加工（LBM）、离子束加工（IBM）、电子束加工（EBM）、等离子束加工（PAM）、电液加工（EHM）、磨料流加工（AFM）、磨料喷射加工（AJM）、液体喷射加工（HDM）及各类复合加工等。

二、电火花及线切割加工

（一）电火花加工原理

电火花加工是利用工具电极和工件电极间脉冲放电时局部瞬时产生的高温把金属腐蚀去除来对工件进行加工的一种方法。图2-2为电火花加工装置原理图。脉冲发生器1的两极分别接在工具电极2与工件3上，当两极在工作液4中靠近时，极间电压击穿间隙而产生火花放电，在放电通道中瞬时产生大量的热，达到很高的温度（10000 ℃以上），使工件和工具表面局部材料熔化甚至气化而被蚀除下来，形成一个微小的凹坑。多次放电的结果，就使工件表面形成许多非常小的凹坑。电极不断下降，工具电极的轮廓形状便复印到工件上，这样就完成了工件的加工。

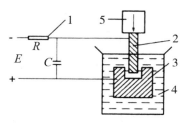

图2-2 电火花加工装置原理图

1-脉冲发生器 2-工具电极 3-工件 4-工作液 5-自动进给调节装置

（二） 电火花及线切割加工机床的组成

电火花加工机床一般由脉冲电源、自动进给调节装置、机床本体及工作液循环过滤系统等部分组成。

脉冲电源的作用是把普通 50 Hz 的交流电转换成频率较高的脉冲电源，加在工具电极与工件上，提供电火花加工所需的放电能量。图 2-2 中所示的脉冲发生器是一种最基本的脉冲发生器，它由电阻 R 和电容器 C 构成。直流电源 E 通过电阻 R 向电容器 C 充电，电容器两端电压升高，当达到一定电压极限时，工具电极（阴极）与工件（阳极）之间的间隙被击穿，产生火花放电。火花放电时，电容器将所储存的能量瞬时放出，电极间的电压骤然下降，工作液便恢复绝缘，电源即重新向电容器充电，如此不断循环，形成每秒钟数千到数万次的脉冲放电。

应该强调的是，电火花加工必须利用脉冲放电，在每次放电之间的脉冲间隔内，电极之间的液体介质必须来得及恢复绝缘状态，以使下一个脉冲能在两极间的另一个相对最靠近点处击穿放电，避免总在同一点放电而形成稳定的电弧。因稳定的电弧放电时间长，金属熔化层较深，只能起焊接或切断的作用，不可能使遗留下来的表面准确和光整，也就不可能进行尺寸加工。

在电火花加工过程中，不仅工件被蚀除，工具电极也同样遭到蚀除。但阳极（指接电源正极）和阴极（指接电源负极）的蚀除速度是不一样的，这种现象叫"极效应"。为了减少工具电极的损耗，提高加工精度和生产效率，总希望极效应越显著越好，即工件蚀除越快越好，而工具蚀除越慢越好。因此，电火花加工的电源应选择直流脉冲电源。因为若采用交流脉冲电源，工件与工具的极性不断改变，使总的极效应等于零。极效应通常与脉冲宽度、电极材料及单个脉冲能量等因素有关，由此即决定了加工的极性选择。

自动进给调节装置能调节工具电极的进给速度，使工具电极与工件间维持所需的放电间隙，以保证脉冲放电正常进行。

机床本体是用来实现工具电极和工件装夹固定及运动的机械装置。

工作液循环过滤系统强迫清洁的工作液以一定的压力不断地通过工具电极与工件之间的间隙，以及时排除电蚀产物，并经过滤后再进行使用。目前，大多采用煤油或机油做工作液。

电火花加工机床已有系列产品。从加工方式看，可将它们分成两种类型：一种是用特殊形状的电极工具加工相应的工件，称为电火花成型加工机床；另一种是用线电极工具加工二维轮廓形状的工件，称为电火花线切割机床。

电火花线切割是利用连续移动的金属丝作为工具电极，与工件间产生脉冲放电时形成的电腐蚀来切割零件的。线切割用电极丝是直径非常小的钼丝、钨丝或铜丝。可加工精密、狭窄、复杂的型孔，常用于模具、样板或成型刀具等的加工。

图 2-3 为电火花线切割加工装置示意图。贮丝筒 7 做正反方向交替的转动，脉冲电源 3 供给加工能量，使电极丝 4 一边卷绕一边与工件之间发生放电，安放工件的数控工作台可在 x、y 两坐标方向各自移动，从而合成各种运动轨迹，将工件加工成所需的形状。

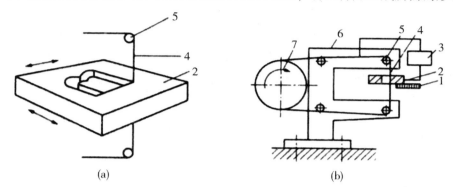

图 2-3　电火花切割加工装置示意图

1-绝缘底板　2-工件　3-脉冲电源　4-电极丝　5-导向轮　6-支架　7-贮丝筒

与电火花成型加工相比，线切割不需要专门的工具电极，并且作为工具电极的金属丝在加工中不断移动，基本上无损耗；加工同样的工件，线切割的总蚀除量比普通电火花成型加工的总蚀除量要少得多，因此生产效率要高得多，而机床的功率却可以小得多。

（三）电火花及线切割加工的特点与应用

1. 电火花加工的特点及应用

电火花加工适用于导电性较好的金属材料的加工而不受材料的强度、硬度、韧性及熔点的影响，因此为耐热钢、淬火钢、硬质合金等难以加工的材料提供了有效的加工手段，又由于加工过程中工具与工件不直接接触，故不存在切削力，从而工具电极可以用较软的材料如紫铜、石墨等制造，并可用于薄壁、小孔、窄缝的加工，而无须担心工具或工件的刚度太低而无法进行，也可用于各种复杂形状的型孔及立体曲面型腔的一次成型，而不必考虑加工面积太大会引起切削力过大等问题。

电火花加工过程中一组配合好的电参数，如电压、电流、频率、脉宽等称为电规准。电规准通常可分为两种（粗规准和精规准），以适应不同的加工要求。电规准的选择与加工的尺寸精度及表面粗糙度有着密切的关系。一般精规准穿孔加工的尺寸误差可达 0.05～0.01 mm，型腔加工的尺寸误差可达 0.1 mm 左右，粗糙度 R_a 为 3.2～0.8 μm。

机械制造与自动化应用探析

电火花加工的应用范围很广，它可以用来加工各种型孔、小孔，如冲孔凹模、拉丝模孔等；可以加工立体曲面型腔，如锻模、压铸模、塑料模的模腔；也可用来进行切断、切割，以及表面强化、刻写、打印铭牌和标记等。

电火花加工有以下局限性：金属的除去率较低；在工件表面形成重铸层和受热影响层，影响表面质量；工具电极不可避免损耗，会引起加工形状变化。

2. 电火花切割的特点及应用

①适宜加工具有薄壁、窄槽、异形孔等复杂结构图形的零件。

②适宜加工不仅有由直线和圆弧组成的二维曲面图形，还有一些由直线组成的三维直纹曲面，如阿基米德螺旋线、抛物线、双曲线等特殊曲线的图形的零件。

③适宜加工大小和材料厚度常有很大差别的零件。技术要求高，特别是在几何精度、表面粗糙度方面有着不同要求的零件。

三、电解加工

电解加工是利用金属在电解液中发生阳极溶解的电化学反应原理，将金属材料加工成型的一种方法。工件接直流电源的正极，工具接负极，两极间保持较小的间隙（通常为 $0.02 \sim 0.7$ mm），电解液以一定的压力（$0.5 \sim 2$ MPa）和速度（$5 \sim 50$ m/s）从间隙间流过。当接通直流电源对（电压约为 $5 \sim 25$ V，电流密度为 $10 \sim 100$ A/cm^2），工件表面的金属材料就产生阳极溶解，溶解的产物被高速流动的电解液及时冲走。工具电极以一定的速度（$0.5 \sim 3$ mm/min）向工件进给，工件表面的金属材料便不断溶解，于是在工件表面形成与工具型面相反的形状，直至加工尺寸及形状符合要求时为止。

阳极溶解过程如下：若电解液采用氯化钠水溶液，则由于离解反应：

$$NaCl \rightarrow Na^+ + Cl^-$$

$$H_2O \rightarrow H^+ + OH^-$$

电解液中存在四种离子（Na^+、H^+、Cl^-、OH^-）。溶液中的正负离子电荷相等，且均匀分布，所以溶液仍保持中性。通电后，溶液中的离子在电场作用下产生电迁移，阳离子移向阴极，而阴离子移向阳极，并在两极上产生电极反应。

如果阳极用铁板制成，则在阳极表面，铁原子在电源的作用下被夺走电子，成为铁的正离子而进入电解液。因此，在阳极上发生下列反应：

$$Fe - 2e \rightarrow Fe^{2+}$$

$$Fe^{2+} + 2(OH)^- \rightarrow Fe(OH)_2 \downarrow （氢氧化亚铁）$$

$$Fe^{2+} + 2Cl \rightarrow \Leftrightarrow FeCl_2$$

氢氧化亚铁在水溶液中溶解度极小，于是便沉淀下来，$FeCl_2$ 能溶于水，又离解为铁和氯的离子。$Fe(OH)_2$ 是绿色沉淀，它又不断地和电解液及空气中的氧反应成为黄褐色的氢氧化铁。其反应式为：

$$4Fe(OH)_2 + 2H_2O + O_2 \rightarrow 4Fe(OH)_3 \downarrow$$

阴极的表面有大量剩余电子，因此在阴极上应为：

$$2H^+ + 2e \rightarrow H_2 \uparrow$$

$$Na^+ + e \rightarrow Na$$

总之，在电解过程中，阳极铁不断溶解腐蚀，最后变成氢氧化铁沉淀，阴极材料并不受腐蚀损耗，只是氢气不断从阴极上析出，水逐渐消耗，而 NaCl 的含量并不减少。这种现象就是金属的阳极溶解。

（一）电解加工设备的组成

电解加工设备主要由机床本体、电源和电解液系统等部分组成。

机床本体主要做安装工件、夹具和工具电极之用，并实现工具电极在高压电解液作用下的稳定进给。电解加工机床应具有良好的防腐、绝缘以及通风排气等安全防护措施。

电源的作用是把普通 50 Hz 的交流电转换成电解加工所需的低电压、大电流的直流稳压电源。

电解液系统主要由泵、电解液槽、净化过滤器、热交换器、管道和阀等组成，要求能连续而平稳地向加工部件供给流量充足、温度适宜、压力稳定、干净的电解液，并具有良好的耐腐蚀性。

（二）电解加工的特点及应用

影响电解加工质量和生产效率的工艺因素很多，主要有电解液（包括电解液成分、度、流速以及流向等）、电流密度、工作电压、加工间隙及工具电极进给速度等。

电解加工不受材料硬度、强度和韧性的限制，可加工硬质合金等难切削金属材料；它能以简单的进给运动，一次完成形状复杂的型面或型腔的加工（如汽轮叶片、锻模等），效率比电火花成型加工高 5~10 倍；电解过程中，作为阴极的工具理论上没有损耗，故加工精度可达 0.05~2 mm；电解加工时无机械切削力和切削热的影响，因此适宜于易变形或薄壁零件的加工。此外，在加工花键孔、深孔、内齿轮以及去毛刺、刻印等方面，电解加工也获得广泛应用。

电解加工的主要缺点是：设备投资较大，耗电量大；电解液有腐蚀性，须对设备采取防护措施，对电解产物妥善处理，以防止污染环境。

四、超声波加工

利用工具端面做超声频振动，使工作液中的悬浮磨粒对工件表面撞击抛磨来实现加工，称为超声波加工。

人耳对声音的听觉范围约为 16~16 000 Hz。频率低于 16 Hz 的振动波称为次声波，频率超过 16 000 Hz 的振动波称为超声波。加工用的超声波频率为 16 000~25 000 Hz。

超声发生器将工频交流电能转变为有一定功率输出的超声频电振荡，然后通过换能器将此超声频电振荡转变为超声频机械振动，由于其振幅很小，一般只有 0.005~0.001 mm，须再通过一个上粗下细的振幅扩大棒，使振幅增大到 0.1~0.15 mm。固定在振幅扩大棒端头的工具即受迫振动，并迫使工作液中的悬浮磨粒以很大的速度不断地撞击、抛磨被加工表面，把加工区域的材料粉碎成很细的微粒后打击下来。虽然每次打击下的材料很少，但由于每秒打击的次数多达成 16 000 次以上，所以仍有一定的加工效率。

超声波加工适合于加工各种硬脆材料，特别是不导电的非金属材料，例如玻璃、陶瓷、石英、锗、硅、玛瑙、宝石、金刚石等，对于导电的硬质合金、淬火钢等也能加工，但加工效率比较低。由于超声波加工是靠极小的磨料作用，所以加工精度高，一般可达 0.02 mm，表面粗糙度 R_a 可达 1.25~0.1 μm，被加工表面也无残余应力、组织改变及烧伤等现象；在加工过程中不需要工具旋转，因此易于加工各种复杂形状的型孔、型腔及成型表面；超声波加工机床的结构比较简单，操作维修方便，工具可用较软的材料（如黄铜、45 钢、20 钢等）制造。超声波加工的缺点是生产效率低，工具磨损大。

近年来，超声波加工与其他加工方法相结合进行的复合加工发展迅速，如超声频振动切削加工、超声电火花加工、超声电解加工、超声调制激光打孔等。这些复合加工方法由于把两种甚至多种加工方法结合在一起，起到取长补短的作用，使加工效率、加工精度及加工表面质量显著提高，因此愈来愈受到人们的重视。

五、其他特种加工

（一）高能束加工

高能束加工是利用被聚焦到加工部位上的高能量密度射束，对工件材料进行去除加工的特种加工方法的总称。高能束加工通常指激光加工、电子束加工和离子束加工。

1. 激光加工

（1）激光加工原理

激光是一种亮度高、方向性好（激光光束的发散角极小）、单色性好（波长或频率单一）、相干性好的光。由于激光的上述四大特点，通过光学系统可以使它聚焦成一个极小的光斑（直径仅几微米至几十微米），从而获得极高的能量密度（$10 \sim 10^{10}$ W/cm²）和极高的温度（10 000 ℃以上）。在此高温下，任何坚硬的材料都将瞬时急剧被熔化和气化，在工件表面形成凹坑，同时熔化物被气化所产生的金属蒸气压力推动，以很高的速度喷射出来。激光加工就是利用这种原理蚀除材料的。为了帮助蚀除物的排除，还须对加工区吹氧（加工金属时使用），或吹保护气体，如二氧化碳、氮等（加工可燃物质时使用）。

激光加工过程受以下主要因素影响：

①输出功率与照射时间。激光输出功率大，照射时间长，工件所获得的激光能量大，加工出来的孔就大而深，且锥度小。激光照射时间应适当，过长会使热量扩散，太短则使能量密度过高，使蚀除材料气化，两者都会使激光能量效率降低。

②焦距、发散角与焦点位置。采用短焦距物镜（焦距为20 mm左右），减小激光束的发散角，可获得更小的光斑及更高的能量密度，因此可使打出的孔小而深，且锥度小。激光的实焦点应位于工件的表面上或略低于工件表面。若焦点位置过低，则透过工件表面的光斑面积大，容易使孔形成喇叭形，而且由于能量密度减小而影响加工深度；若焦点位置过高，则会造成工件表面的光斑很大，使打出的孔直径大、深度浅。

③照射次数。照射次数多可使孔深大大增加，锥度减小。用激光束每照射一次，加工的孔深约为直径的5倍。如果用激光多次照射，由于激光束具有很小的发散角，所以光能在孔壁上反射向下深入孔内，使加工出的孔深度大大增加而孔径基本不变。但加工到一定深度后（照射20~30次），由于孔内壁反射、透射以及激光的散射和吸收等，使抛出力减小、排屑困难，造成激光束能量密度不断下降，以致不能继续加工。

④工件材料。激光束的光能通过工件材料的吸收而转换为热能，故生产率与工件材料对光的吸收率有关。工件材料不同，对不同波长激光的吸收率也不同，因此必须根据工件的材料性质来选用合理的激光器。

（2）激光加工机的组成

激光加工机通常由激光器、电源、光学系统和机械系统等部分组成。

激光器是激光加工机的重要部件，它的功能是把电能转变成光能，产生所需要的激光束。激光器按照所用的工作物质种类可分为固体激光器、气体激光器、液体激光器和半导体激光器。激光加工中广泛应用固体激光器（工作物质有红宝石、钕玻璃及掺钕钇铝石榴石等）和气体激光器（工作物质为二氧化碳）。

固体激光器具有输出功率大（目前单根掺钕钇铝石榴石晶体棒的连续输出功率已达数百瓦，几根棒串联起来可达数千瓦）、峰值功率高、结构紧凑、牢固耐用、噪声小等优点。但固体激光器的能量效率很低，例如红宝石激光器仅为 $0.1\% \sim 0.3\%$，钕玻璃激光器为 $3\% \sim 4\%$，掺钕钇铝石榴石激光器约为 $2\% \sim 3\%$。

二氧化碳激光器具有能量效率高（可达 $20\% \sim 25\%$），工作物质二氧化碳来源丰富，结构简单，造价低廉等优点；输出功率大（从数瓦到几万瓦），既能连续工作，又能脉冲工作。其缺点是体积大，输出瞬时功率不高，噪声较大。

激光器电源应根据加工工艺要求，为激光器提供所需的能量。电源通常包括时间控制、触发器、电压控制和储能电容器等组成部分。

光学系统的功用是将光束聚焦，并观察和调整焦点位置。它由显微镜瞄准、激光束聚焦以及加工位置在投影屏上的显示等部分组成。

机械系统主要包括床身、三坐标精密工作台和数控系统等。

（3）激充加工的特点及应用

激光加工具有如下特点：

①不需要加工工具，故不存在工具磨损问题，同时也不存在断屑、排屑的麻烦。这对高度自动化生产系统非常有利，目前激光加工机床已用于柔性制造系统之中。

②激光束的功率密度很高，几乎对任何难加工的金属和非金属材料（合金及陶瓷、宝石、金刚石等硬脆材料）都可以加工。

③激光加工是非接触加工，工件无受力变形。

④激光打孔、切割的速度很高（打一个孔只需 $0.001\ \text{s}$；切割 $20\ \text{mm}$ 厚的不锈钢板，切割速度可达 $1.27\ \text{m/min}$），加工部位周围的材料几乎不受热影响，工件热变形很小。激光切割的切缝窄，切割边缘质量好。

目前，激光加工已广泛用于金刚石拉丝模、钟表宝石轴承、发散式气冷冲片的多孔蒙皮、发动机喷油嘴、航空发动机叶片等的小孔加工，以及多种金属材料和非金属材料的切割加工。孔的直径一般为 $0.01 \sim 1\ \text{mm}$，最小孔径可达 $0.001\ \text{mm}$，孔的深径比可达 $50 \sim 100$。切割厚度，对于金属材料可达 $10\ \text{mm}$ 以上，对于非金属材料可达几十毫米，切缝宽度一般为 $0.1 \sim 0.5\ \text{mm}$。激光还可以用于焊接、热处理等加工。随着激光技术与电子计算机数控技术的密切结合，激光加工技术的应用将会得到更迅速、更广泛的发展，并在生产中占有越来越重要的地位。

目前激光加工存在的主要问题是：设备价格高，更大功率的激光器尚处于试验研究阶段中；不论是激光器本身的性能质量，还是使用者的操作技术水平都有待于进一步提高。

2. 电子束加工

（1）电子束加工的原理

按加工原理的不同，电子束加工可分为热加工和化学加工。

①热加工。热加工是利用电子束的热效应来实现加工的，可以完成电子束熔炼、电子束焊接、电子束打孔等加工工序。在真空条件下，经加速和聚焦的高功率密度电子束照射在工件表面上，电子束的巨大能量几乎全部转变成热能，使工件被照射部分立即被加热到材料的熔点和沸点以上，材料局部蒸发或成为雾状粒子而飞溅，从而实现打孔加工。

②化学加工。功率密度相当低的电子束照射在工件表面上，几乎不会引起温升，但这样的电子束照射高分子材料时，就会由于入射电子与高分子相碰撞而使其分子链切断或重新聚合，从而使高分子材料的分子量和化学性质发生变化，这就是电子束的化学效应。利用电子束的化学效应可以进行化学加工——电子束光刻：光刻胶是高分子材料，按规定图形对光刻胶进行电子束照射就会产生潜像。再将它浸入适当的溶剂中，由于照射部分和未照射部分的分子量不同，溶解速度不一样，就会使潜像显影出来。

电子束光刻的最小线条宽度为 $0.1 \sim 1\ \mu m$，线槽边缘的平面度在 $0.05\ \mu m$ 以内，而紫外光刻的最小线条宽度受衍射效应的限制，一般不能小于 $1\ \mu m$。

（2）电子束加工装置

电子束加工装置主要由电子枪系统、真空系统、控制系统和电源系统等组成。电子枪用来发射高速电子流，进行初步聚焦，并使电子加速。它由电子发射阴极、控制栅极和加速阳极三部分组成。真空系统的作用是造成真空工作环境，因为在真空下电子才能高速运动，发射阴极才不会在高温下被氧化，同时也防止被加工表面和金属蒸气氧化。控制系统由聚焦装置、偏转装置和工作台位移装置等组成，控制电子束的束径大小和方向，按照加工要求控制电压及加速电压。

（3）电子束加工的应用范围

电子束加工已广泛用于不锈钢、耐热钢、合金钢、陶瓷、玻璃和宝石等难加工材料的圆孔、异形孔和窄缝的加工，最小孔径或缝宽可达 $0.02 \sim 0.03\ mm$。电子束还可用来焊接难熔金属、化学性能活泼的金属，以及碳钢、不锈钢、铝合金、钛合金等。另外，电子束还用于微细加工的光刻中。

电子束加工时，高能量的电子会透入表层达几微米甚至几十微米，并以热的形式传输到相当大的区域，因此用它作为超精密加工方法要考虑热影响。

3. 离子束加工

在真空条件下，利用惰性气体离子在电场中加速而形成的高速离子流来实现微细加工的工艺方法称为离子束加工。

将被加速的离子聚焦成细束状，照射到工件需要加工的部位，基于弹性碰撞原理，高速离子会从工件表面撞击出工件材料（金属或非金属）的原子或分子，从而实现原子或分子的去除加工，这种离子束加工方法称为离子束溅射去除加工；如果用被加速了的离子从靶材上打出原子或分子，并将它们附着到工件表面上形成镀膜，则为离子束溅射镀膜加工；用数十万电子伏特的高能离子轰击工件表面，离子将打入工件表层内，其电荷被中和，成为置换原子或晶格间原子，留于工件表层中，从而改变了工件表层的材料成分和性能，这就是离子束溅射注入加工。

离子束溅射去除加工已用于非球面透镜的最终加工、金刚石刀具的最终刃磨、衍射光栅的刻制、电子显微镜观察试样的减薄及集成电路微细图形的光刻中。离子束镀膜加工是一种干式镀，比蒸镀有较高的附着力，效率也高。离子束注入加工可用于半导体材料掺杂、高速钢或硬质合金刀具材料切削刃表面改性等。

离子束光刻与电子束光刻的原理不同，它是通过离子束的力学作用去除照射部位的原子或分子，直接完成图形的刻蚀。另外，也可以不将离子聚焦成束状，而使它大体均匀地投射在大面积上，同时采用掩膜对所要求加工的部位进行限制，从而实现微细图形的光到加工。

离子束加工是一种新兴微细加工方法，在亚微米至纳米级精度的加工中很有发展前途。离子束加工对工件几乎没有热影响，也不会引起工件表面应力状态的改变，因而能得到很高的表面质量。离子束光刻可以提高图形的分辨率，得到最小线条宽度小于 $0.1~\mu m$ 的微细图形。

（二）复合加工

当把两种或两种以上的能量形式（包括机械能）合理地组合在一起，就发展成复合加工。复合加工有很大的优点，它能成倍地提高加工效率和进一步改善加工质量，是特种加工发展的方向。下面简要介绍几种复合加工：

1. 电解磨削

电解磨削是利用电解作用与机械磨削相结合的一种复合加工方法。电解磨削时，导电砂轮和工件间保持一定的接触压力，砂轮表面外凸的磨粒使砂轮导电体与工件间有一定间隙。当电解液从间隙中流过，工件出现阳极溶解，工件表面形成一薄层较软的薄膜，很容易被导电砂轮中的磨粒磨除，工件上又露出新的金属表面并进一步电解。在加工过程中，电解作用与磨削作用交替进行，最后达到加工要求。电解作用起主要作用。

电解磨削硬质合金车刀时，加工效率比普通的金刚石砂轮磨削要高 3~5 倍，表面粗糙度只可达 0.2~0.012 μm。

2. 超声电解复合抛光

超声电解复合抛光是超声波加工和电解加工复合而成的，它可以获得优于靠单一电解或单一超声波抛光的抛光效率和表面质量。抛光时，工件接正极，工具接直流电源负极。工件与工具间通入钝化性电解液。高速流动的电解液不断在工件待加工表层生成钝化软膜，工具则以极高的频率进行抛磨，不断地将工件表面凸起部位的钝化膜去除，被去掉钝化膜的表面迅速产生阳极溶解，溶解下来的产物不断被电解液带走。而工件凹下去的部位钝化膜，工具抛磨不到，因此不溶解。这个过程一直持续到将工件表面整平为止。

工具在超声频振动下，不但能迅速去除钝化膜，而且在加工区域内产生的"空化"作用可增强电化学反应，进一步提高工件表面凸起部位金属的溶解速度。

3. 超声电火花复合抛光

超声电火花复合抛光是在超声波抛光的基础上发展起来的。这种复合抛光的加工效率比纯超声机械抛光要高出 3 倍以上，表面粗糙度 R_a 可达 0.2~0.1 μm。特别适合于小孔、窄缝以及小型精密表面的抛光。抛光时工具接脉冲电源的负极，工件接正极，在工具和工件间以乳化液作为电解液。这种电解液的阳极溶解作用虽然微弱，但有利于工件的抛光。

抛光过程中，超声的"空化"作用一方面会使工件表面软化，有利于加速金属的剥离；另一方面使工件表面不断出现新的金属尖峰，这样不但增加了电火花放电的分散性，而且给放电加工造成了有利条件。超声波抛磨和放电交错而连续进行，不仅提高了抛光速度，而且提高了工件表面材料去除的均匀性。

第三章 机械加工精度控制

第一节 机械加工精度理论

机械产品的质量与其组成的零件质量及装配质量密切相关。零件质量由机械加工质量和零件材料的性质等因素所决定，而机械加工质量包括机械加工精度和加工表面质量。实际加工时不可能也没有必要把零件做得与理想零件完全一致，总会有一定的偏差，即所谓加工误差。如何减少加工误差，以保证零件的加工精度？这些都是与零件加工质量相关的问题。

一、加工精度与加工误差

加工精度是指零件在加工后的实际几何参数与理想几何参数符合的程度。符合程度越高，加工精度也就越高。加工精度是评定零件质量的一项重要指标。

加工误差是指在加工后零件的实际几何参数对理想几何参数的偏离程度。加工误差是表示加工精度高低的数量指标，一个零件的加工误差越小，加工精度就越高。

加工精度和加工误差是从两个不同的角度来评定加工零件的几何参数的，加工精度的低和高就是通过加工误差的大和小来表示的。研究加工精度的目的，就是要弄清楚各种原始误差对加工精度的影响规律，掌握控制加工误差的方法，从而找出减少加工误差、提高加工精度的途径。

生产实践证明，任何一种加工方法不管多么精密，都不可能把零件加工得绝对准确，与理想的完全相符。即使加工条件完全相同，加工出来一批零件的几何参数也不可能完全一样。另外，从机器的使用要求来看，也没有必要把零件的几何参数加工得绝对准确，只要其误差值不影响机器的使用性能，就允许有一定的加工误差存在。

零件的加工精度包括有关表面的尺寸精度、几何形状精度和相互位置精度，这三者之间有密切联系。一般情况下，形状误差应限制在位置公差内，位置公差应限制在尺寸公差内。尺寸精度越高，相应的形状、位置精度要求也就越高。但有些特殊功用的零件，其形状精度很高，而其位置精度、尺寸精度要求却不一定高，这要根据零件的功能要求来确定。例如，测量用的检验平板，其工作平面的平面度要求很高，但该平面与底面的平行度要求却很低。

二、获得机械加工精度的方法

（一）获得尺寸精度的方法

1. 试切法

试切法是通过试切→测量→调整→再试切，反复进行，直至加工至符合规定的尺寸，然后以此尺寸切出要加工的表面。试切法适用于单件小批量生产。

2. 定尺寸刀具法

使用具有一定形状和尺寸精度的刀具对工件进行加工，并以刀具尺寸来得到规定尺寸精度的加工方法。例如，用钻头、铰刀、拉刀和丝锥等刀具加工。定尺寸刀具法的生产效率较高，加工精度与刀具的制造精度关系很大，且只能在部分加工中使用。

3. 调整法

按零件图或工序图规定的尺寸和形状，预先调整好机床、夹具、刀具与工件的相对位置，经试加工测量合格后，再连续成批加工工件。其加工精度在很大程度上取决于工艺系统的调整精度。此法广泛应用于半自动机床、自动机床和自动生产线上。

4. 主动测量法

这是一种在加工过程中采用专门的测量装置主动测量工件的尺寸并控制工件尺寸精度的方法。例如，在外圆磨床和珩磨机上，采用主动测量装置以控制加工的尺寸精度。主动测量法能获得较高的加工精度，加工质量主要靠加工设备来保证。

（二）获得几何形状精度的方法

1. 轨迹法

这种方法依靠刀具与工件的相对运动的轨迹来获得工件形状。如图 3-1 所示，图 3-1（a）是利用工件的旋转和刀具在 x、y 两个方向的合成直线运动来车削成型表面；而图 3-1（b）是利用刨刀的纵向直线运动和工件的横向进给运动来获得平面。用轨迹法加工所获得的形状精度主要取决于刀具与工件相对（成型）运动的精度。

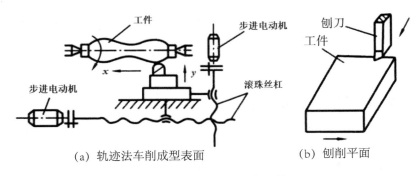

（a）轨迹法车削成型表面　　　　　（b）刨削平面

图 3-1　用轨迹法获得工件形状

2. 成型法

采用成型刀具加工工件的成型表面以得到所要求的形状精度的方法称为成型法。成型法加工可以简化机床结构，提高生产效率。例如，用模数铣刀铣削齿轮，用花键拉刀拉削花键孔等。成型法加工所获得的形状精度主要取决于刀刃的形状精度和成型运动精度。图 3-1（a）所示的两个方向的成型运动可以由成型刀具的刀刃几何形状来代替。

3. 展成法

利用工件和刀具做展成切削运动来获得加工表面形状的加工方法。各种齿轮的齿形加工，如滚齿、插齿等方法都属于这种方法。

（三）获得相互位置精度的方法

工件各加工表面相互位置的精度，主要和机床、夹具及工件的定位精度有关，如车削端面与轴线的垂直度和车床中滑板的精度有关；钻孔与底面的垂直度和机床主轴与工作台的垂直度有关；一次安装同时加工几个表面的相互位置精度与工件的定位精度有关。因此，要获得各表面间的相互位置精度就必须保证机床、夹具及工件的定位精度。

三、影响机械加工精度的因素

在机械加工中，零件的尺寸、几何形状和表面间相对位置的形成，取决于工件和刀具在切削过程中相互位置的关系，而工件和刀具又安装在夹具和机床上，并受到夹具和机床的约束，因此，加工精度问题也就涉及整个工艺系统的精度问题。工艺系统中的种种误差，在不同的具体条件下，将不同程度地反映为加工误差。工艺系统的误差是原因，是根源；加工误差是结果，是表现。因此，把工艺系统的误差称为原始误差。

（一）装夹

活塞以止口及其端面为定位基准在夹具中定位，并用活动菱形销插入经半精镗加工的销孔中做周向定位，在活塞顶部施力夹紧。这种装夹方式产生了设计基准（顶面）与定位基准（止口端面）不重合，以及定位止口与夹具上凸台、菱形销与销孔的配合间隙而引起的定位误差，还存在由于夹紧力过大使工件变形而引起的夹紧误差。这两项原始误差统称为工件装夹误差。

（二）调整

装夹工件前后，必须对机床、刀具和夹具进行调整，然后试加工几个工件后再进行微调，才能使工件和刀具之间保持正确的相对位置。显然，必须对夹具在工作台上的位置、菱形销与主轴的同轴度，以及对刀（调整镗刀的伸出长度，以保证镗孔直径精度）进行调整。调整不可能绝对精确，因而会产生调整误差。另外，机床、刀具、夹具本身也存在制造误差。这些原始误差称为工艺系统的静误差（几何误差）。

（三）加工

在加工过程中必然产生切削力、切削热、摩擦等，它们将引起工艺系统的受力变形、热变形、磨损，这些都会影响在调整时所获得的工件、刀具间的相对位置精度，造成种种加工误差。这类在加工过程中产生的原始误差称为工艺系统的动误差。

（四）测量

销孔中心线到顶面的距离是通过测量得到的。因此，测量方法和量具本身的误差自然就加入到测量的读数中，这称为测量误差。在零件加工过程中，必须对工件进行测量，才能确定加工是否合格、工艺系统是否需要重新调整。测量误差也是一种不容忽视的原始误差。

此外，工件在毛坯制造、切削加工和热处理时，在力和热的作用下，会产生内应力。内应力将会引起工件变形而产生加工误差。还有由于采用近似的成型方法进行加工，也会造成加工原理误差。工件内应力引起的变形和加工原理误差也是原始误差。

一般情况下，人们把工艺系统的原始误差分为两大类：一类是与工艺系统初始状态有关的原始误差，简称为几何误差或静误差；另一类是与工艺过程有关的原始误差，简称为动误差。

四、研究加工精度的目的和方法

研究加工精度的目的，就是要弄清各种原始误差的物理、力学本质，掌握其基本规律，分析原始误差和加工误差之间的定性与定量关系，掌握控制加工误差的方法，以期获得预期的加工精度，必要时能找出提高加工精度的工艺途径。

研究机械加工精度的方法主要有分析计算法和统计分析法。分析计算法是在掌握各原始误差对加工精度影响规律的基础上，分析工件加工中所出现的误差可能是哪一个或哪几个主要原始误差所引起的，并找出原始误差与加工误差之间的影响关系，进而通过估算来确定工件的加工误差的大小，再通过试验来加以验证。统计分析法是对具体加工条件下加工得到的几何参数进行实际测量，然后运用数理统计学方法对这些测试数据进行分析处理，找出工件加工误差的规律和性质，进而控制加工质量。分析计算法主要是在对单项原始误差进行分析计算的基础上进行的，统计分析法则是在对有关的原始误差进行综合分析的基础上进行的。

上述两种方法常常结合起来使用，可先用统计分析法寻找加工误差产生的规律，初步判断产生加工误差的可能原因，然后运用计算分析法进行分析、试验，找出影响工件加工精度的主要原因。

第二节　工艺系统的几何误差

一、机床的几何误差

机床的几何误差包括机床制造误差、磨损和安装误差等几方面。

（一）主轴的回转误差

机床主轴的回转精度（回转误差的大小）直接影响零件的加工精度。在理想情况下，当主轴回转时，主轴回转轴线的空间位置是不动的。但实际上由于存在着轴颈的圆度、轴颈之间的同轴度、轴承之间的同轴度、主轴的挠度及支承端面对轴颈中心线的垂直度等误差，这些误差都在不同程度上影响主轴回转精度，使主轴的每一瞬间回转轴线的空间位置都发生变动。

过去衡量机床主轴回转精度的主要指标是主轴前端的径向跳动和轴向跳动。此法虽简单，但不能反映主轴在真正工作速度下的回转误差及它们对加工表面精度的影响。近年来对于高精度主轴，提出了控制主轴回转轴线的漂移以提高主轴的回转精度。

主轴轴线的漂移是由下列因素引起的：

①滑动轴承的轴颈与滚动轴承滚道的圆度误差［见图3-2（a）］。

②滑动轴承的轴颈（或轴套）与滚动轴承滚道的波纹度［见图3-2（b）］。

③滚动轴承滚子圆度误差与尺寸误差［见图3-2（c）］。

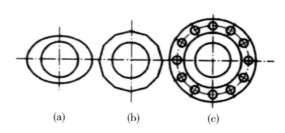

图3-2　轴承内圈及滚动体的几何误差

④有关零件在不同方向上的刚度不同。对于载荷同主轴一起旋转的主轴，有关零件是指固定不动的零件，如轴承圈、支承座、箱体等。对于载荷方向不变的主轴，有关零件是指主轴、轴承内圈等。由于这些有关零件配合表面的几何形状误差及表面质量状况，将使它们装配后在不同方向的刚度不同。

⑤轴承的间隙。将轴承预紧，可消除并减小滚道圆度、波纹度及滚子圆度和尺寸差对轴线漂移的影响。

上述的一些因素是由多方面原因造成的，一个原因也可能对几个因素有影响。应注意的是，因为轴承圈是薄壁零件，受力后极易变形，当安装在主轴轴颈上或支承座孔中时，会因轴颈或座孔的圆度误差而产生相应的变形，从而破坏了轴承原来的精度。因此，对支承座孔与轴颈，除控制其尺寸误差外，还必须控制其几何形状误差。

上述各种因素的影响使主轴的实际回转轴线对其理想的回转轴线发生偏移，这个偏移量就是主轴的回转误差。

主轴回转误差可以分为三种基本形式：纯径向跳动、纯角度摆动和轴向跳动（见图3-3）。

在分析主轴回转误差对加工精度的影响时，应注意：不同形式的主轴回转误差对加工精度的影响是不同的。同一形式的主轴回转误差对于不同加工方法下加工精度的影响是不同的。

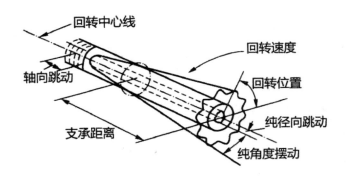

图 3-3　主轴回转误差的基本形式

（二）导轨误差

床身导轨是机床中一些主要部件的相对位置及运动的基准，它的各项误差直接影响被加工零件的精度。例如车床导轨在水平面内不直度（见图 3-4）使刀尖在水平面内发生位移 y，引起被加工零件在半径方向的误差 ΔR。当车削较短零件时，这一误差影响较小。若车削长轴，这一误差将明显反映到工件直径上而形成锥形、鼓形或鞍形。当磨削长工件的外圆时，若磨床导轨在水平面内有直线度误差，当刚性较差的工作台贴合在床身导轨上做往复运动时，其运动轨迹将受导轨直线度误差的影响。当导轨直线性误差凹向砂轮架时，工件被磨成鞍形；反之，则被磨成腰鼓形，而且在工件表面产生螺旋线，影响工件表面质量。

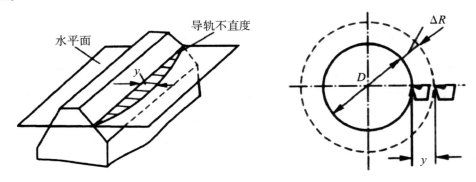

图 3-4　车床导轨在水平面不直度引起的误差

车床导轨在垂直平面内直线度误差，将引起刀尖产生 Δz 的误差，产生的半径方向误差为 $\Delta R \approx \dfrac{\Delta z^2}{d}$，对零件形状误差的影响较小。但对于龙门刨床、龙门铣床及导轨磨床来讲，当工作台刚性较差时，导轨在垂直平面内的直线度误差将直接反映在工件上。

机床导轨误差产生的原因是：

①机床在使用过程中，由于机床导轨磨损不均匀，会使导轨产生不直度、扭曲度等误差，这些误差对加工精度影响很大。

②机床安装得不正确，即安装水平调整得不好，会使床身产生扭曲，破坏原有的制造精度，从而影响加工精度。

为了减少机床导轨误差对加工精度的影响，当设计和制造时，应从结构、材料、润滑方式、保护装置方面采取相应的措施，同时在使用过程中，要保证地基和安装质量，细心维护和注意润滑等。

（三）传动链误差

传动链误差会影响刀具运动的正确性，在某些情况下，它是影响加工精度的主要因素。例如，当滚切齿轮时，需要滚刀的转速和工件的转速之比恒定不变，保持严格的运动关系：

$$\frac{n_刀}{n_工} = \frac{z_工}{K}$$

式中 K ——滚刀头数；

$n_刀$ ——滚刀转速，r/min；

$n_工$ ——工件转速，r/min；

$z_工$ ——工件齿数。

当传动链中的传动元件（如滚切挂轮、分度蜗轮副等）有制造误差和装配误差，以及在使用过程中有磨损时，就会破坏正确的运动关系，使滚出的齿轮产生误差（如周节误差、周节累积误差及齿形误差等）。因此，机床传动链的传动精度，首先取决于各传动元件的制造和装配精度，其次与各传动元件在传动链中的位置有关。

为了减小机床传动链误差对加工精度的影响，可采取下列措施：

①减少传动链的元件数目，缩短传动链，以减小误差来源。

②提高传动元件，特别是末端传动元件的制造精度和装配精度。实践证明：滚齿机上切出齿轮的周节误差及周节累积误差，大部分是由分度蜗轮副引起的。所以滚齿机分度蜗轮副是影响加工精度的关键。通常分度蜗轮副的精度等级应比被加工齿轮精度高 1~2 级，同时末端传动副的减速比取得越大，则传动链中其余传动元件的误差影响也就越小。

③消除间隙。传动链齿轮存在的间隙，同样会影响末端元件的瞬时速度不均匀，速比不稳定。

④采用误差校正机构来提高传动精度。这种方法的实质是人为地在传动链中加入一个与机床传动误差大小相等、方向相反的误差，以抵消传动链本身的误差。

二、刀具与夹具误差

（一）刀具误差

刀具对加工精度的影响，根据刀具种类的不同而不同。

当用定尺寸刀具（如钻头、铰刀、镗刀块、拉刀及键槽铣刀等）加工时，刀具的尺寸精度直接影响被加工零件的尺寸精度。同时还要考虑刀具的工作条件，如机床主轴的回转误差或刀具安装不当而产生径向和轴向跳动等，都会使加工的尺寸误差扩大。

当用成型刀具（如成型车刀、成型铣刀及成型砂轮）加工时，加工表面的几何形状精度直接决定于刀具本身的形状精度。

当用展成法加工（如滚齿、插齿等）时，刀具切削刃的几何形状及有关尺寸，也会直接影响加工精度。

对于一般刀具（如车刀、铣刀、镗刀等），其制造精度对加工精度无直接影响，但如果刀具几何参数和形状不适当，将影响刀具的磨损及耐用度，因此也会间接地影响加工精度。

在切削过程中，刀具不可避免地要产生磨损，并由此引起加工零件尺寸或形状的改变。

为减小刀具制造误差和磨损对加工精度的影响，除合理规定尺寸刀具和成型刀具的制造误差外，应根据工件材料及加工要求，正确选择刀具材料、切削用量、冷却润滑，并准确地进行刃磨，以减小磨损。

（二）夹具误差

夹具误差包括定位元件、刀具引导体、分度机构及夹具体等零件的制造误差，以及定位元件之间的相互位置误差和其他有关的夹具制造误差。夹具在使用过程中的磨损同样会影响零件的加工精度。

因此，当设计夹具时，凡影响零件精度的尺寸应严格控制其制造公差。

三、调整误差

在机械加工的每一工序中，总要进行这样或那样的调整工作。例如，按要求调整刀具的加工尺寸；在机床上安装夹具；在固定刀具和夹具的位置后检查调整精度（包括试切工件）；等等。由于调整不可能绝对准确，必然会带来一些误差，即调整误差。引起调整误差的原因很多，例如，调整所用的刻度盘、定程机构（行程挡块、凸轮、靠模等）的精度及其与它们配合使用的离合器、电气开关、控制阀等元件的灵敏度；测量样板、样件、仪表本身的误差和使用误差；在调整机床时只是测量有限几个试件而不能准确判断全部零件的尺寸分布造成的误差。

在正常情况下，在一次机床调整下加工出一批零件，调整误差对每一零件的尺寸精度的影响程度是不变的。但由于刀具、砂轮磨损后的小调整或更换刀具的重新调整，不可能使每次调整所得到的位置完全相同。因此，对全部加工零件来说，调整误差也属于偶然性质的误差，有一定的分布范围。

在一次调整下加工出来的零件可画成尺寸分布曲线，每次机床调整改变时，分布曲线的中心将发生偏移。机床调整误差可理解为分布曲线中心的最大可能偏移量。

四、工件的定位误差

所谓定位误差，是指当工件在定位时，由于工件的位置不准确而在加工过程中引起工序尺寸变化的加工误差。

引起定位误差的原因归纳为：

①基准不重合产生的定位误差。

②定位元件和定位基准面本身误差产生的定位误差。

第三节　工艺系统力效应与热变形对加工精度的影响

一、工艺系统力效应对加工精度的影响

（一）基本概念

加工过程中，工艺系统的各个组成环节，在切削力、传动力、惯性力、夹紧力及重力等的作用下，会产生相应的变形。这种变形将破坏刀刃和工件之间已调整好的正确位置关系，从而产生加工误差。例如车削细长轴时，工件在切削力作用下的弯曲变形，加工后会

形成鼓形的圆柱度误差，如图 3-5（a）所示。

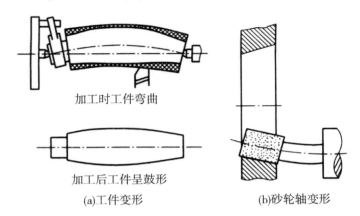

加工时工件弯曲

加工后工件呈鼓形

(a)工件变形　　　　　　(b)砂轮轴变形

图 3-5　工艺系统受力变形引起的加工误差

又如在内圆磨床上用横向切入磨孔时，由于磨头主轴弯曲变形，会使磨出的孔带有锥度的圆柱度误差，如图 3-5（b）所示。由此可见，工艺系统的受力变形是机械加工精度中一项很重要的原始误差。它不仅严重地影响工件的加工精度，而且还影响加工表面质量，限制加工生产率的提高。

工艺系统的受力变形通常是弹性变形。通常，工艺系统抵抗弹性变形的能力越强，则加工精度就越高。工艺系统抵抗弹性变形的能力，用刚度 k 来描述。所谓工艺系统刚度，是指工件加工表面在切削力法向分力 F_p 的作用下，刀具相对工件在该方向上位移 y 的比值，即

$$k = \frac{F_p}{y}$$

必须指出，法向位移 y 是在总切削力的作用下工艺系统综合变形的结果。

由于切削过程中切削力是不断变化的，工艺系统在动态下产生的变形不同于静态下的变形，这样，就有静刚度和动刚度的区别。在一般情况下，工艺系统的动刚度与静刚度呈正比关系，此外还与系统的阻尼、交变力频率与系统固有频率之比有关。

（二）工艺系统刚度的计算

切削加工中，机床的有关部件、夹具、刀具和工件在各种外力作用下，将会产生相应变形，工艺系统在某一处的法向总变形 y，是各个组成环节在该处的法向变形的叠加，即

$$y = y_{jc} + y_{jj} + y_d + y_g$$

式中：y_{jc} 为机床的受力变形；y_{jj} 为夹具的受力变形；y_d 为刀具的受力变形；y_g 为工件的受力变形。

这些变形都是在法向分力 F_p 的作用下产生的变形。

于是，机床刚度 k_{jc} 、夹具刚度 k_{jj} 、刀具刚度 k_d 和工件刚度 k_g 分别为

$$k_{jc} = \frac{F_p}{y_{jc}} , \ k_{jj} = \frac{F_p}{y_{jj}} , \ k_d = \frac{F_p}{y_d} , \ k_g = \frac{F_p}{y_g}$$

代入式 $y = y_{jc} + y_{jj} + y_d + y_g$ ，得

$$\frac{1}{k} = \frac{1}{k_{jc}} + \frac{1}{k_{jj}} + \frac{1}{k_d} + \frac{1}{k_g}$$

上式表明，已知工艺系统各个组成环节的刚度，即可求得工艺系统的刚度。

在用式 $\frac{1}{k} = \frac{1}{k_{jc}} + \frac{1}{k_{jj}} + \frac{1}{k_d} + \frac{1}{k_g}$ 计算工艺系统刚度时，可以根据具体情况予以简化。例如在车削外圆时，车刀在切削力作用下的变形对加工误差的影响很小，可忽略不计。又如在镗削箱体上的孔时，锥杆的受力变形严重影响加工精度，而箱体工件的刚度一般较大，其受力变形很小，也可忽略不计。对于简单部件，其刚度一般可以用材料力学的公式做近似的计算，计算结果和实际结果的出入不大。但是一遇到由若干零件组成的部件时，刚度问题就比较复杂。目前还没有合适的计算方法，需要用实验的方法来加以测定。

（三）工艺系统刚度对加工精度的影响

1. 切削力作用点位置变化引起的工件形状误差

在切削过程中，工艺系统的刚度会随着切削力作用点位置的变化而变化，因此工艺系统受力变化也随之变化，引起工件形状误差。

2. 切削力变化引起的加工误差（误差复映）

在车床上加工短轴，工艺系统的刚度变化很小，可以近似地视为常量。这时如果毛坯形状误差较大或者材料硬度很不均匀，加工时切削力就会有较大变化，工艺系统的变形也就会随切削力变化而变化，因而产生了工件的尺寸误差和形状误差。

工件毛坯的形状误差和位置误差，在加工后仍然会有同类的加工误差存在。在大批量生产过程中，如果采用调整法加工一批零件时，由于毛坯尺寸不一，加工后，这批工件必然存在尺寸不一的误差。

此外，采用调整法成批生产情况下，控制毛坯材料硬度的均匀性很重要。因为加工过程中走刀次数通常已定，如果一批毛坯材料的硬度差别很大，就会造成工件的尺寸分散范围扩大，容易超差。

3. 夹紧力引起的加工误差

工件装夹时，由于工件刚度较低或者夹紧力着力点不当，会使工件产生变形，造成加

工误差。

4. 传动力和惯性力对加工精度的影响

在高速切削时，如果工艺系统中存在动不平衡的旋转构件，就会产生离心力。离心力随工件的转动而不断变更方向，引起工件几何轴线做第一种形式的摆角运动，故从理论上来说也不会造成工件圆度误差。但是，当离心力大于切削力时，车床主轴轴颈和轴套内孔表面的接触点就会不停变化，轴套孔的圆度误差将传递给工件的回转轴心。

周期变化的惯性力还常常引起工艺系统的强迫振动，这是高速、强力切削要解决的关键问题之一。在遇到这种情况时，可采用"对重平衡"的方法来消除这种影响，即在不平衡质量的反向加装重块，使两者的离心力相互抵消。必要时可适当降低转速，减小离心力的影响。

（四）减小工艺系统受力变形对加工精度影响的措施

减小工艺系统受力变形是保证加工精度的有效途径之一。在生产实际中，常从两个主要方面采取措施来予以解决这一问题：一是提高系统刚度；二是减小载荷及其变化。从加工质量、生产效率、经济性等问题全面考虑，提高工艺系统中薄弱环节的刚度是最重要的措施。

1. 提高工艺系统的刚度

①合理的结构设计。在设计工艺装备时，应尽量减少连接面数目，并注意刚度的匹配，防止有局部低刚度环节出现。在设计基础件、支承件时，应合理选择零件结构和截面形状。一般地说，截面积相等时，空心截面形状比实心截面形状的刚度高，封闭的截面形状又比开口的截面形状好。在适当部位增添加强筋也有好的效果。

②提高连接表面的接触刚度。由于部件的接触刚度大大低于实体零件本身的刚度，所以提高接触刚度是提高工艺系统刚度的关键。特别是对在使用中的机床设备，提高其连接表面的接触刚度，往往是提高机床刚度的最简便、最有效的方法。具体措施有：提高机床导轨的刮研质量，提高顶尖锥体同主轴和尾座套筒锥孔的接触质量等；在各类轴承、滚珠丝杠螺母副的调整之中预加载荷，消除接合面间的间隙，增加实际接触面积，减小受力后的变形量；工件的定位基准面一般总要承受夹紧力和切削力，因此提高工件定位基准面的精度和减小它的表面粗糙度值就会减小接触变形。

③采用合理的装夹和加工方式。例如，在卧式铣床上铣削角铁形零件，如按图3-6（a）所示的装夹、加工方式，工件的刚度较低；如改用图3-6（b）所示的装夹、加工方式，则刚度可大大提高。再如加工细长轴时，如改为反向走刀（从床头向尾座方向进给），

使工件从原来的轴向受压变为轴向受拉，则也可提高工件的刚度。此外，增加辅助支承也是提高工件刚度的常用方法。

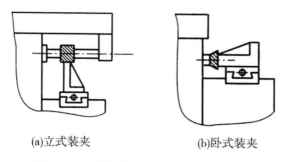

(a)立式装夹   (b)卧式装夹

图 3-6   铣削角铁形零件的两种装夹方式

2. 减小载荷及其变化

采取适当的工艺措施，如合理选择刀具几何参数，如加大前角，让主偏角接近 $90°$ 等；合理选择切削用量，如适当减少进给量和背吃刀量，以减小切削力，特别是 F_p，就可以减小受力变形；将毛坯分组，使一次调整中加工的毛坯余量比较均匀，就能减小切削力的变化，使复映误差减少；对惯性力采取质量平衡措施，减小载荷及其变化。

（五）工件残余应力重新分布引起的变形

1. 残余应力的概念及其特性

残余应力也称内应力，是指在没有外力作用下或去除外力后工件内存留的应力。

具有残余应力的零件处于一种不稳定的状态。它内部的组织有强烈的倾向要恢复到一个稳定的没有应力的状态。即使在常温下，零件也会不断地、缓慢地进行这种变化，直到残余应力完全松弛为止。在这一过程中，零件将会翘曲变形，原有的加工精度会逐渐丧失。

2. 残余应力产生的原因

残余应力是由于金属内部相邻组织发生了不均匀的体积变化而产生的。产生这种变化的因素主要来自冷加工和热加工。

①毛坯制造和热处理过程中，由于各部分冷却收缩不均匀以及金相组织转变时的体积变化，使毛坯内部产生了相当大的残余应力。毛坯的结构越复杂，各部分的厚度越不均匀，散热的条件相差就越大，则在毛坯内部产生的残余应力也越大。具有残余应力的毛坯，由于残余应力暂时处于相对平衡的状态，在短时间内还看不出有什么变化。当加工时，某些表面被切去一层金属后，就打破了这种平衡，残余应力将重新分布，零件就明显

地出现了变形。如铸造后的机床床身，其导轨面和冷却快的地方都会出现压应力。带有压应力的导轨表面在粗加工中被切去一层后，残余应力就重新分布，结果使导轨中部下凹。

②冷校直带来的残余应力。原来无残余应力的弯曲的工件要校直，必须使工件产生反向弯曲，并使工件产生一定的塑性变形。当工件外层应力超过屈服极限时，其内层应力还未超过弹性极限。去除外力后，由于下部外层已产生拉伸的塑性变形，上部外层已产生压缩的塑性变形，故内层的弹性恢复受到阻碍。结果上部外层产生残余拉应力，上部内层产生残余压应力；下部外层产生残余压应力，下部内层产生残余拉应力。冷校直后，虽然弯曲减小了，但内部组织仍处于不稳定状态，若再进行一次加工，则又会产生新的弯曲。

③切削加工带来的残余应力。切削过程中产生的力和热，也会使被加工工件的表面层产生残余应力。

3. 减小或消除残余应力的措施

①增加消除内应力的热处理工序。例如，对铸件、锻件、焊接件进行退火或回火处理；对零件淬火后进行回火处理；对精度要求高的零件，如床身、丝杠、箱体、精密主轴等，在粗加工后进行时效处理。

②合理安排工艺过程。例如，粗、精加工分开在不同工序中进行，使粗加工后有一定时间让残余应力重新分布，以减小对精加工的影响。在加工大型工件时，粗、精加工往往在一个工序中完成，这时应在粗加工后松开工件，让工件有自由变形的可能，然后再用较小的夹紧力夹紧工件进行精加工。

③改善零件的结构，提高零件的刚性，使壁厚均匀等，均可减小残余应力的产生。

二、工艺系统的热变形对加工精度的影响

在机械加工过程中，工艺系统会受到热变形的影响。这种热变形将破坏刀具与工件的正确几何关系和运动关系，造成工件的加工误差。特别是在精加工和大件加工中，热变形所引起的加工误差通常会占到工件加工总误差的 40%～70%。

高精度、高效率、自动化加工技术的发展，使工艺系统热变形问题变得更加突出，成为现代机械加工技术发展必须研究的重要问题。工艺系统是一个复杂系统，有许多因素影响其受热变形，因而控制和减小受热变形对加工精度的影响往往比较复杂。

（一）工艺系统的热源、热平衡和温度场概念

热量传递的规律是由高温处传向低温处，传递方式有传导传热、对流传热和辐射传热

三种。引起工艺系统变形的热源可分为内部热源和外部热源两大类。内部热源主要指切削热和摩擦热，它们产生于工艺系统内部，其热量主要以传导的形式传递；外部热源主要是指工艺系统外部的、以对流传热为主要形式的环境温度，它与气温变化、通风、空气对流和周围环境等有关，以及各种辐射热，包括由阳光、照明、暖气设备等发出的辐射热。

切削热是切削加工过程中最主要的热源，它对工件加工精度的影响最为直接。在切削过程中，消耗于切削层的弹性变形能、塑性变形能及刀具、工件和切屑之间摩擦的机械能，绝大部分都转变成了切削热。切削热的大小与被加工材料的性质、切削用量及刀具的几何参数等有关。

工艺系统中的摩擦热主要是机械系统中运动部件产生的，如电动机、轴承、齿轮、丝杠副、导轨副、离合器、液压泵、阀等各运动部分产生的摩擦热。尽管摩擦热比切削热少，但摩擦热在工艺系统中是局部发热，会引起局部温升和变形，破坏了系统原有的几何精度，对加工精度也会带来严重的影响。

外部热源的辐射热及周围环境温度对机床热变形的影响有时也不容忽视。在大型、精加工时尤其不能忽视。

工艺系统在各种热源作用下，温度会逐渐升高，同时通过各种传热方式向周围的介质散发热量。当工件、刀具和机床的温度达到某一数值时，单位时间内散出的热量与热源传入的热量趋于相等，这时工艺系统就达到了热平衡状态。在热平衡状态下，工艺系统各部分的温度就保持在一个相对固定的数值上，因而各部分的热变形也就相应地趋于稳定。

同一物体处于不同空间位置上的各点在不同时间其温度往往不相等；物体中各点温度的分布称为温度场。当物体未达到热平衡时，各点温度不仅是坐标位置的函数，也是时间的函数，这时称为不稳态温度场。物体达到热平衡后，各点温度将不再随时间的改变而变化，而只是其坐标位置的函数，这种温度场称为稳态温度场。

（二）工件热变形对加工精度的影响

工件和刀具产生的热源一般比较简单，它们的热变形通常可用分析法进行估算和分析。

使工件产生热变形的热源主要是切削热。对于精密零件，周围环境温度和局部受到日光等外部热源的辐射热也不容忽视。工件的热变形可以归纳为如下两种情况来分析：

1. 工件受热比较均匀

一些形状较简单的轴类、套类、盘类零件的内、外圆加工时，切削热比较均匀地传入工件。如不考虑工件温升后的散热，其温度沿工件全长和圆周的分布都是比较均匀的，可近似地看成均匀受热，因此其热变形可以按物理学计算热膨胀的公式求出。

长度方向的热变形量为

$$\Delta L = \alpha L \Delta t$$

直径方向的热变形量为

$$\Delta D = \alpha D \Delta t$$

式中：L、D 分别为工件原有长度、直径，单位为 mm；α 为工件材料的线膨胀系数，其中 $\alpha_{钢} \approx 1.17 \times 10^{-5}\ ℃^{-1}$，$\alpha_{铸铁} \approx 1.05 \times 10^{-5}\ ℃^{-1}$，$\alpha_{铜} \approx 1.7 \times 10^{-5}\ ℃^{-1}$；$\Delta t$ 为温升，单位为℃。

一般来说，工件热变形在精加工中影响比较严重，特别是对长度很长而精度要求很高的零件。例如，磨削丝杠就是一个突出的例子。若丝杠长度为 2 m，每磨一次，其温度相对于机床母丝杠就升高约 3 ℃，则丝杠的伸长量 $\Delta L = 1.17 \times 10^{-5} \times 2000 \times 3\ mm = 0.07\ mm$。而 6 级丝杠的螺距累积误差在全长上不允许超过 0.02 mm，由此可见，热变形影响的严重性。

工件的热变形对粗加工的加工精度的影响通常可不考虑，但是在工序集中的场合下，却会给精加工带来麻烦。这时，粗加工的工件热变形就不能忽视。

为了避免工件粗加工时热变形对精加工时加工精度的影响，在安排工艺过程时，应尽可能把粗、精加工分开在两个工序中进行，以使工件粗加工后有足够的冷却时间。

2. 工件受热不均匀

在铣削、刨削、磨削平面时，工件只在单面受到切削热的作用。上下表面间的温度差将导致工件向上拱起，加工时中间凸起部分被切去，冷却后工件变成下凹，造成平面度误差。

对于大型精密板类零件，如高 600 mm、长 2000 mm 的机床床身导轨的磨削加工，床身的温差为 2.4 ℃时，热变形可达 20 μm。这说明，工件单面受热引起的误差对加工精度的影响不容忽视。为了减小这一误差，通常采取的措施是在切削时使用充分的冷却液以减小磨削表面的温升；也可采用误差补偿的方法：在装夹工件时，使工件上表面产生微凹的夹紧变形，以补偿切削时工件单面受热而拱起的误差。

（三）刀具的热变形对加工精度的影响

刀具的热变形主要是由切削热引起的。通常，传入刀具的热量并不是很多，但由于热量集中在切削部分，而刀体的热容量小，故刀具仍会有很高的温度。例如车削时，高速钢车刀的工作表面温度可达 700~800 ℃，而硬质合金车刀的工作表面温度可达 1000 ℃以上。

连续切削时，车刀的热变形在切削初始阶段增加得很快，随后变得较缓慢，经过 10~

20 min 后车刀便趋于热平衡状态。此后，车刀热变形的变化量就非常小。刀具总的热变形量可达 0.03~0.05 mm。

间断切削时，由于刀具有短暂的冷却时间，故其热变形曲线具有热胀冷缩的双重特性，且总的变形量比连续切削时要小一些，最后稳定在一定范围内变动。当切削停止后，刀具的工作表面温度立即下降，开始冷却得较快，以后逐渐减慢。

加工大型零件时，刀具的热变形往往会造成几何形状误差。例如车削长轴时，可能由于刀具热伸长而产生锥度，即尾座处的直径比头架附近的直径大。

为了减小刀具的热变形，应合理选择切削用量和刀具几何参数，并给予充分冷却和润滑，以减小切削热，降低切削温度。

（四） 机床的热变形对加工精度的影响

机床在工作过程中，受到内外热源的影响，各部分的温度将逐渐升高。由于各部件的热源不同，分布不均匀，以及机床结构的复杂性，所以不仅各部件的温升不同，而且同一部件不同位置的温升也不相同，形成不均匀的温度场，使机床各部件之间的相互位置发生变化，破坏了机床原有的几何精度，特别是加工误差敏感方向的几何精度而造成加工误差。

机床空运转时，各运动部件产生的摩擦热基本不变。运转一段时间之后，达到热平衡状态，变形趋于稳定。机床达到热平衡状态时的几何精度称为热态几何精度。在机床达到热平衡状态之前，机床几何精度变化不定，对加工精度的影响也变化不定。因此，精密加工应在机床处于热平衡之后进行。

对于磨床和其他精密机床，除受室温变化等影响之外，引起其热变形的热量主要是机床空运转时的摩擦发热，而切削热影响较小。因此，机床空运转达到热平衡的时间及其所达到的热态几何精度是衡量精加工机床质量的重要指标。而在分析机床热变形对加工精度的影响时，也应首先注意其温度场是否稳定。

对一般机床，如车床、磨床等，其空运转的热平衡时间为 4~6 h，中小型精密机床为 1~2 h，大型精密机床往往要超过 12 h，甚至达几十个小时。

机床类型不同，其内部主要热源也各不相同，热变形对加工精度的影响也不相同。

（五） 减小工艺系统热变形对加工精度影响的措施

1. 减小热源的发热和隔离热源

为了减小切削热，宜采用较小的切削用量。如果粗、精加工在一个工序内完成，粗加工的热变形将影响精加工的精度。一般可以在粗加工后停机一段时间使工艺系统冷却，同时还应将工件松开，待精加工时再夹紧。当零件精度要求较高时，则应将粗、精加工分开进行。

为了减小机床的热变形，凡是可能从机床分离出去的热源，如电动机、变速箱、液压系统、冷却系统等均应移出床身，使之成为独立单元。不能分离的热源，如主轴轴承、丝杠螺母副、高速运动的导轨副等则应从结构、润滑等方面改善其摩擦特性，减小发热。例如，采用静压轴承、静压导轨，改用锂基润滑脂、低黏度润滑油，或者使用循环冷却润滑、油雾润滑等；也可用隔热材料将发热部件和机床床身、立柱等隔离开来。

对不能从机床内部移出的发热量大的热源，可采用强制式的风冷、水冷等散热措施。

目前，大型数控机床和加工中心普遍采用冷冻机对润滑油、切削液进行强制冷却，以提高冷却效果。精密丝杠磨床的母丝杠中则通过冷却液降温，以减小热变形。

2. 均衡温度场

例如，M7150A 型磨床的床身较长，加工时工作台纵向运动速度较快，所以床身上部温升高于下部温升。为了均衡温度场，将油池搬出主机做成单独油箱，并在床身下部配置热补偿油沟，使一部分带有余热的回油经热补偿油沟后送回油池。采取这些措施后，床身上下部温差降至 1~2 ℃，导轨的中凸量由原来的 0.026 5 mm 降为 0.005 2 mm。

又如，某立式平面磨床采用热空气加热温升较低的立柱后壁，以均衡立柱前后壁的温升，减小立柱向后倾斜，热空气从电动机风扇排出，通过特设的软管引向立柱的后壁空间。采取这种措施后，磨削平面的平面度误差可降到采取措施前的 1/4~1/3。

3. 采用合理的机床部件结构及装配基准

①采用热对称结构。在变速箱中，将轴、轴承、传动齿轮等对称布置，可使箱壁温升均匀，箱体变形减小。

机床大件的结构和布局对机床的热态特性有很大影响。以加工中心机床为例，在热源影响下，单立柱结构会产生相当大的扭曲变形，而双立柱结构由于左右对称，仅产生垂直方向的热位移，很容易通过调整的方法予以补偿。因此，双立柱结构的机床主轴相对于工作台的热变形比单立柱结构的热变形小得多。

②合理选择机床零部件的装配基准。

4. 加速达到热平衡状态

对于精密机床特别是大型机床，达到热平衡的时间较长。为了缩短这个时间，可以在加工前使机床高速空运转，或者在机床的适当部位设置控制热源，人为地给机床加热，使机床较快地达到热平衡状态，然后进行加工。

5. 控制环境温度

精密机床应安装在恒温车间，车间温度变化一般控制在±1 ℃以内，精密级为±0.5 ℃。恒温室平均温度一般为20 ℃，冬季取17 ℃，夏季取23 ℃。

第四节　机械加工表面质量影响因素与改进措施

任何机械加工所得到的零件表面，实际上都不是完全理想的表面。实践表明，机械零件的磨损、腐蚀和失效，一般都是从表层开始的，表层的任何缺陷，将直接影响零件的工作性能，这说明零件的机械加工表面质量至关重要，它对产品的质量有很大影响。

研究加工表面质量的目的，就是要掌握机械加工中各种工艺因素对加工表面质量的影响规律，以便应用这些规律控制加工过程，最终达到提高加工表面质量、提高产品使用性能的目的。

一、加工表面质量及其对使用性能的影响

（一）加工表面质量的概念

零件表面加工后存在着表面粗糙度、表面波度等微观几何形状误差以及划痕、裂纹等缺陷。零件表层在加工过程中也会产生物理性能、力学性能的变化，在某些情况下还会产生化学性质的变化。

在加工过程中，由切削力造成的表面塑性变形区称为压缩区，其厚度为几十至几百微米。在压缩区中的纤维层，则是由被加工材料与刀具之间的摩擦力所造成的。加工过程中的切削热也会使加工表层产生各种变化，如同淬火、回火一样将会使表层的金属材料产生金相组织和晶粒大小的变化等。

综上所述，机械加工表面质量主要包含如下内容：

1. 表面几何特征

一般说来，加工后的零件表面包含三种误差：形状误差、表面波度和表面粗糙度。它们叠加在同一表面上，形成了复杂的表面形状。

在同一个零件表面上，形状误差、表面波度和表面粗糙度与表面上的峰谷间距紧密相关。加工表面的形状误差，如平面度误差、圆度误差等，属于加工精度范畴。

①表面波度。表面波度是指介于宏观几何形状误差和表面粗糙度之间的周期性几何形

状误差。表面波度主要由加工过程中工艺系统的振动引起的。

②表面粗糙度。表面粗糙度是指已加工表面的微观几何形状误差。它的产生一般与刀刃的形状、刀具的进给、切屑的形成过程（如裂屑、剪切、积屑瘤等）、电镀表面的生成等因素有关，它是加工方法本身所产生的。

除此之外，许多加工表面的图案具有明显的方向性，一般称为纹理，纹理的形成主要取决于表面形成过程中所采用的机械加工方法。

2. 表层的物理性能和力学性能

由于机械加工中力因素和热因素的综合作用，加工表层金属的物理性能和力学性能会发生一定的变化，主要有以下三个方面：

①加工表层的冷作硬化。加工表层的冷作硬化是指工件经机械加工后表层的强度、硬度提高的现象，也称为表层的冷硬或强化。通常用硬化程度和硬化层深度两个指标来衡量。一般情况下，硬化层的深度可达 0.05~0.30 mm；若采用滚压加工，硬化层的深度可达几毫米。

②加工表层的金相组织变化。机械加工，特别是磨削中的高温使工件表层金属的金相组织发生了变化，降低了零件的使用性能。

③加工表层的残余应力。加工表层的残余应力是指机械加工中工件表层所产生的残余应力，它对零件使用性能的影响取决于它的方向、大小和分布状况。

必须指出，随着科学技术的不断发展，对零件加工表面质量研究的深入，表面质量的内涵不断扩大，已经提出了表面完整性的概念。它不仅包括零件加工表面的几何形状特征和表层的物理性能、力学性能的变化，还包括表面缺陷（如表面裂纹、伤痕和腐蚀现象）和表面的技术特性（如表层的摩擦、光反射、导电特性）等。可见，表面质量从表面完整性的角度来分析，更强调表层内的特性，这对现代科学技术的发展有重大意义。

（二）零件表面质量对其使用性能的影响

1. 表面质量对零件耐磨性的影响

零件的耐磨性首先取决于摩擦副的材料和润滑条件，在这些条件确定后，表面质量就起决定性作用。表面粗糙度值直接影响有效接触面积和压强，以及润滑油的保存状况。

零件的磨损可分为三个阶段。第一阶段称为初期磨损阶段。当两个零件的表面互相接触时，首先只是在波峰顶部接触，实际接触面积只是名义接触面积的一小部分。表面越粗糙，实际接触面积就越小。当零件受力时，波峰接触部分将产生很大的压强；当两个零件相对运动时，波峰接触处会发生弹性、塑性及剪切变形，因此磨损非常明显。经过初期磨损后，实际接触面积增大，压强逐渐降低，磨损变缓，进入磨损的第二阶段，即正常磨损阶段。这一阶段零件的耐磨性最好，持续的时间也较长。最后，由于波峰被磨平，表面粗糙度值变得非常小，不利于润滑油的存储，接触表面之间的分子亲和力增大，甚至发生分子黏合，使摩擦阻力增大，从而进入磨损的第三阶段，即快速磨损阶段，此时零件将会失效。

表面粗糙度对摩擦副的初期磨损影响很大，但也不是表面粗糙度值越小，耐磨性就越好。在一定的工作条件下，摩擦副通常存在一个最佳的表面粗糙度值，最佳表面粗糙度值为 $0.32 \sim 1.25\ \mu m$，过大或过小的粗糙度均会引起工件工作时的严重磨损。

表面纹理方向对耐磨性也有影响，这是因为它能影响金属表面的实际接触面积和润滑油的存留情况。轻载时，两表面的纹理方向与相对运动方向一致时，磨损最小；当两表面的纹理方向与相对运动方向垂直时，磨损最大。在重载情况下，由于压强、分子亲和力和润滑油的储存等因素的变化，其规律与上述有所不同。

表层的加工硬化，一般能提高耐磨性的 $0.5 \sim 1$ 倍。这是因为加工硬化提高了表层的强度，减少了表面进一步塑性变形和咬焊的可能。但过度的加工硬化会使金属组织疏松，甚至出现疲劳裂纹和产生剥落现象，从而使耐磨性下降。

表层金相组织变化也会改变零件材料的原有硬度，影响其耐磨性。但适度的残余压应力一般可使结构紧密，有助于提高零件材料的耐磨性。

2. 表面质量对零件疲劳强度的影响

零件的疲劳破坏主要是在交变载荷作用下，在内部有缺陷或应力集中处产生疲劳裂纹而引起的。零件表面粗糙度、划痕、裂纹等缺陷最容易形成应力集中。因此，对重要零件如连杆、曲轴等的表面，应进行光整加工，减小表面粗糙度值，提高其疲劳强度。

表面残余应力对疲劳强度的影响极大。由于疲劳破坏从表面开始，由拉应力产生的疲劳裂纹引起，因此，表层如果具有残余压应力，能延缓疲劳裂纹的产生和扩展，提高零件的疲劳强度。

表层的加工硬化对疲劳强度也有影响。适当的加工硬化可使表层金属强化，阻碍裂纹的产生和扩大，有助于提高疲劳强度。但加工硬化程度过大，会使表面脆性增加，反而易产生脆性裂纹，降低疲劳强度，因此加工硬化程度应控制在一定范围内。

3. 表面质量对零件耐腐蚀性的影响

零件的耐腐蚀性在很大程度上取决于表面粗糙度。表面粗糙度值越大，越容易积聚腐蚀性物质；波谷越深，渗透与腐蚀作用也越强烈。表面残余应力对零件耐腐蚀性也有较大影响。残余压应力使零件表面紧密，腐蚀性物质不易进入，可增强零件的耐腐蚀性，而残余拉应力则降低耐腐蚀性。

4. 表面质量对配合性质的影响

对间隙配合而言，表面粗糙度值太大，会使配合表面很快磨损而增大配合间隙，改变配合性质，降低配合精度。对过盈配合而言，装配时配合表面的波峰被挤平，减小了实际的过盈量，影响配合的可靠性。因此，对有配合要求的表面应采用较小的表面粗糙度值。

表面残余应力会引起零件变形，使零件形状和尺寸发生变化，因此对配合性质也有一定的影响。

二、影响表面粗糙度的工艺因素及其改进措施

影响加工表面粗糙度的工艺因素主要有几何因素、物理因素、工艺因素和工艺系统的振动等方面。不同的加工方法影响加工表面粗糙度的主要因素各不相同。

（一）切削加工表面粗糙度

1. 几何因素

切削加工表面粗糙度主要取决于切削残留面积的高度。影响切削残留面积高度的几何因素主要包括刀尖圆弧半径 r_ε、主偏角 κ_r、副偏角 κ'_r 及进给量 f 等。

图 3-7（a）所示为车削时残留面积高度的计算示意图。图 3-7（a）所示为用尖刃口车削的情况，切削残留面积的高度 H 为

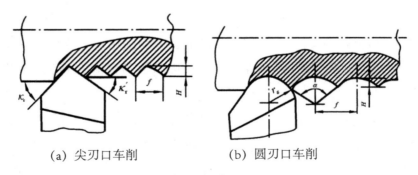

（a）尖刃口车削　　　　（b）圆刃口车削

图 3-7　车削时残留面积高度的计算示意图

$$H = \frac{f}{\cot\kappa_r + \cot\kappa'_r}$$

图 3-7（b）所示为用圆刃口车削的情况，切削残留面积的高度 H 为

$$H = r_\varepsilon\left(1 - \cos\frac{\alpha}{2}\right) = 2r_\varepsilon\sin^2\frac{\alpha}{2}$$

当中心角较小时，可用 $\dfrac{1}{2}\sin\dfrac{\alpha}{2}$ 代替 $\sin\dfrac{\alpha}{4}$，且 $\sin\dfrac{\alpha}{2}=\dfrac{f}{2r_\varepsilon}$，整理得

$$H \approx 2r_\varepsilon\left(\dfrac{f}{4r_\varepsilon}\right)^2 = \dfrac{f^2}{8r_\varepsilon}$$

从式 $H=\dfrac{f}{\cot\kappa_r+\cot\kappa'_r}$ 和式 $H \approx 2r_\varepsilon\left(\dfrac{f}{4r_\varepsilon}\right)^2=\dfrac{f^2}{8r_\varepsilon}$ 可知，进给量 f 和刀尖圆弧半径 r_ε 对切削加工表面粗糙度的影响比较明显。切削加工时，选择较小的进给量 f 和较大的刀尖圆弧半径 r_ε 将会使表面粗糙度得到改善。

对于铣削、钻削等加工，也可按几何关系导出类似的关系式，找出影响表面粗糙度的几何要素。对于被孔加工来说，则与用宽刃车刀精车加工一样，刀具的进给量对表面粗糙度的影响不大。

为减小或消除几何因素对加工表面粗糙度的影响，应选用合理的刀具几何角度、减小进给量和选用具有直线过渡刀刃的刀具。

2. 物理因素（工艺因素）

切削加工后表面的实际轮廓往往与纯几何因素所形成的理想轮廓有较大差别，这是因为在加工过程中还有塑性变形等物理因素的影响。这些物理因素的影响一般比较复杂，它与加工表面形成过程有关。

对塑性材料而言，在一定的切削速度下，刀面上会产生积屑瘤，这些积屑瘤将代替刀刃进行切削，从而改变刀具的几何角度、切削厚度。切屑在前刀面上的摩擦和冷焊作用，会使切屑周期性停留，代替刀具推挤切削层，造成切削层和工件间出现撕裂现象，形成鳞刺。而且积屑瘤和切屑的停留周期都是不稳定的，显然会增加表面粗糙度值。

（1）切削用量的影响

①进给量 f 的影响。在粗加工和半精加工中，当 $f>0.15$ mm/r 时，对 R_a 值的影响很大，符合前述的几何因素的影响关系。当 $f<0.15$ mm/r 时，则 f 的进一步减小就不能引起 R_a 值明显降低。当 $f<0.02$ mm/r 时，就不再使 R_a 值降低，这时加工表面粗糙度主要取决于被加工表面的金属塑性变形程度。

②切削速度 v 的影响。加工塑性材料时，切削速度对表面粗糙度影响较大。切削速度越高，切削过程中切屑和加工表层的塑性变形程度越轻，加工后表面粗糙度值也就越低。

加工脆性材料时，切削速度对表面粗糙度的影响不大。一般来说，切削脆性材料比切削塑性材料容易达到表面粗糙度的要求。

由此可见，用较高的切削速度既可提高生产率又能降低表面粗糙度值。所以，提高切削速度一直是提高工艺水平的重要方向。发展新刀具材料和采用先进刀具结构，是提高切

削速度的重要措施。

③背吃刀量 a_p 的影响。背吃刀量 a_p 对加工表面粗糙度的影响不明显，但当 a_p 小到一定数值时，由于刀刃不可能刃磨得绝对尖锐，而是具有一定的刃口半径 r_ε，这时正常切削量不能维持，常出现挤压、打滑和周期性地切入加工表面等现象，从而使表面粗糙度值增加。为降低加工表面粗糙度值，应根据刀具刃口刃磨的锋利情况选取相应的背吃刀量。

（2）工件材料性能的影响

工件材料的韧性和塑性变形倾向越大，切削加工后的表面粗糙度值越大。如低碳钢工件，加工后的表面粗糙度值就低于中碳钢工件。由于黑色金属材料中铁素体的韧性好，塑性变形大，若能将铁素体-珠光体组织转变为索氏体或屈氏体-马氏体组织，就可降低加工后的表面粗糙度值。

一般来说，工件材料金相组织的晶粒越均匀、晶粒越细，加工时越能获得较低的表面粗糙度值。为此，常在精加工前对工件进行正火或回火处理后再加工，能使加工表面粗糙度值明显降低。同时，还可以得到均匀细密的晶粒组织和较高的硬度。

（3）刀具材料的影响

不同的刀具材料，由于化学成分不同，在加工时，其前后刀面硬度及表面粗糙度的保持性，刀具材料与被加工材料金属分子的亲和程度，以及刀具前后刀面与切屑及加工表面间的摩擦系数等均有所不同。实验证明，在相同的切削条件下，用硬质合金刀具加工所获得的表面粗糙度值要比用高速钢刀具加工所获得的表面粗糙度值大。

3. 工艺系统振动

工艺系统的低频振动，一般在工件的已加工表面上产生表面波度，而工艺系统的高频振动将对已加工表面的粗糙度产生影响。为降低加工表面的粗糙度值，就必须采取相应措施以防止加工过程中高频振动的产生。

必须指出，影响加工表面粗糙度的几何因素和物理因素，究竟以哪个因素为主，这要根据具体情况具体分析。一般而言，对脆性金属材料的加工是以几何因素为主，而对塑性金属材料的加工，特别是韧性大的材料则是以物理因素为主。此外，还要考虑具体的加工方法和加工条件，如对切削截面很小和切削速度很高的高速精镗加工，其加工表面的粗糙度主要是由几何因素引起的。对切削截面宽而厚度薄的铰孔加工，由于刀刃很直很长，切削加工时从几何因素分析不应产生任何表面粗糙度，因此主要是物理因素引起的。

（二）磨削加工表面粗糙度

工件表面的磨削加工，是由砂轮表面上几何角度不同且不规则分布的砂粒进行的。由于砂轮外圆表面上每个砂粒所处位置的高低、切削刃口方向和切削角度的不同，在磨削过程中将产生滑擦、刻画或切削作用。在滑擦作用下，被加工表面只有弹性变形，根本不产生切屑；在刻画作用下，砂粒在工件表面上刻画出一条沟痕，工件材料被挤向两旁产生隆起，此时虽产生塑性变形但仍没有切屑产生；只是在多次刻画作用下才会因疲劳而断裂和脱落；只有在产生切削作用时，才能形成正常的切屑。磨削加工表面粗糙度的形成，也与加工过程中的几何因素、物理因素和工艺系统振动等有关。

1. 几何因素及砂轮的选择

几何因素主要指与砂轮有关的因素，即砂轮的粒度、硬度及对砂轮的修整。加工表面是由砂轮上大量的磨粒刻画出无数条刻痕形成的，单位面积上刻痕越多即通过单位面积上的磨粒数越多，且刻痕深度均匀，则表面粗糙度值越小。也就是说，砂轮磨料的粒度越细，则砂轮单位面积上的磨粒数越多，粒度号越大，磨削表面的刻痕越细，表面粗糙度值越小。

砂轮的硬度是指磨粒在磨削力作用下从砂轮上脱落的难易程度。砂轮太硬，磨粒磨损后还不能脱落，使工件表面受到强烈的摩擦和挤压，增加了塑性变形，表面粗糙度值增大，同时也容易引起烧伤；砂轮太软，磨粒易脱落，磨削作用减弱，也会增大表面粗糙度值，所以要选合适的砂轮硬度，通常选用中软砂轮。

砂轮的组织是指磨粒、结合剂和气孔的比例关系。紧密组织中磨粒所占比例大、气孔小，在成型磨削和精密磨削时，能获得高精度和较小的表面粗糙度值。疏松组织的砂轮不易堵塞，适用于磨削软金属、非金属软材料和热敏性材料，如磁钢、不锈钢、耐热钢等，可获得较小的表面粗糙度值。一般情况下，应选用中等组织的砂轮。

砂轮材料的选择也很重要。合理选择砂轮材料，可获得满意的表面粗糙度。氧化物（刚玉）砂轮适于磨削钢类零件；碳化物（碳化硅、碳化硼）砂轮适于磨削铸铁、硬质合金等材料；用高硬度材料（人造金刚石、立方氮化硼）砂轮磨削可获得极小的表面粗糙度值。

砂轮的修整质量与所用工具、修整砂轮的纵向进给量等有密切关系。砂轮的修整是用金刚石修整器，除去砂轮外层已钝化的磨粒，使磨粒切削刃锋利。另外，修整砂轮的纵向进给量越小，修出的砂轮上的切削微刃越多，等高性越好。一般砂轮是普通的氧化铝砂轮，关键是对砂轮工作表面的精细修整。对砂轮修整的要求是修整深度为 0.005 mm 以下，修整时的纵向进给量为砂轮每转 0.02 mm 以下。

在精密磨削加工的最后几次行程中，总是采用极小的磨削深度。实际上这种极小的磨削深度不是靠磨头进给获得，而是靠工艺系统在前几次进给行程中，磨削力作用下的弹性变形逐渐恢复实现的。这种行程常称为空行程或无进给磨削。精密磨削的最后阶段，一般均应进行几次这样的空行程，以便获得较低的表面粗糙度值。

2. 物理因素的影响

物理因素主要指金属表层的塑性变形、磨削用量等。

①金属表层的塑性变形的影响。砂轮表面的磨粒大多具有很大的负前角，很不锋利，大多数磨粒在磨削时只是对表面产生挤压作用而使表面出现塑性变形，磨削时的高温更加剧了塑性变形，增大了表面粗糙度值。

砂轮的磨削速度远比一般切削加工的速度高得多，且磨粒大多为负前角，磨削比压大，磨削区温度很高，工件表面温度有时可达 900 ℃，工件表面金属容易产生相变而烧伤。因此，磨削过程的塑性变形要比一般切削过程大得多。塑性变形使被磨表面的几何形状与单纯根据几何因素所得到的原始形状大不相同。在力因素和热因素的综合作用下，被磨工件表面金属的晶粒在横向上被拉长了，有时还产生细微的裂口和局部的金属堆积现象。影响磨削表层金属塑性变形的因素，往往是影响表面粗糙度的决定性因素。

②磨削用量的影响。砂轮速度越高，工件材料来不及变形，表层金属的塑性变形减小，磨削的表面粗糙度值将明显减小。工件速度增加，塑性变形增加，表面粗糙度值将增大，工件速度对表面粗糙度的影响刚好与砂轮速度的影响相反。

总之，砂轮速度越高，工件速度越低，砂轮相对工件的进给量越小，则加工后的表面粗糙度值越小。但砂轮易堵塞，使表面粗糙度值增大，同时还易引起烧伤。此时，只能采用很小的磨削深度（背吃刀量 $a_p = 0.002\ 5$ mm 以下），还需要很长的空行程。

砂轮磨削时温度高，热作用占主导地位，因此切削液的作用十分重要。采用切削液可以降低磨削区温度，减少烧伤，还可冲去脱落的砂粒和切屑，以免划伤工件，从而降低表面粗糙度值，但必须选择适当的冷却方法和切削液。

3. 加工时的振动

对于外圆磨床、内圆磨床和平面磨床，其机床砂轮的主轴精度、进给系统的精度和平稳性、整个机床的刚度和抗振性等，都和表面粗糙度有密切关系。对磨削表面粗糙度来说，振动是主要影响因素。

（三）提高表面质量的加工方法

如何减小加工表面的表面粗糙度值，除了从上述几个方面考虑采取措施外，还可采用如研磨、珩磨、超精加工、抛光等加工方法。这些加工方法的特点是没有与磨削深度相对应的用量参数，一般只规定加工时的压强；加工时所用的工具由加工面本身导向而相对于工件的定位基准没有确定的位置，所使用的机床也不需要具有非常精确的成型运动。所以这些加工方法的主要作用是降低表面粗糙度值，而加工精度则主要由前道工序保证。采用这些方法加工时，其加工余量都不可能太大，一般只是前道工序公差的几分之一。因此，这些加工方法均被称为零件表面的光整加工技术。

1. 超精加工

用细粒度的磨条为磨具，并将其以一定的压力压在工件表面上。这种加工方法可以加工轴类零件，也能加工平面、锥面、孔和球面。

①加工原理。如图 3-8 所示，当加工外圆时，有三种运动：工件的旋转运动、磨具的轴向进给运动和磨条的低频往复运动。这三种运动使磨粒在工件表面上形成不重复的复杂轨迹（相互交叉的波纹曲线）。

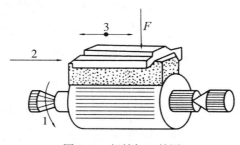

图 3-8　超精加工外圆

1-工件的旋转运动　2-磨具的轴向进给运动　3-磨条的低频往复运动

②超精加工的切削过程。超精加工的切削过程与磨削不同，一般可划分为四个阶段。

超精加工时，虽然磨条的磨粒细、压力小和工件与磨条之间易形成润滑油膜，但在开始研磨时，由于工件表面粗糙，少数凸峰上的压强很大，破坏了油膜，故切削作用强烈，这一阶段为强烈切削阶段；当少数凸峰被研磨平之后，接触面积增加，单位面积上的压力下降，致使切削作用减弱而进入正常切削阶段；随着接触面积的增大，单位面积上的压力更低，切削作用微弱，且细小的切屑形成氧化物而嵌入磨条的空隙中，从而使磨条产生光滑表面，对工件表面进行抛光，从而进入微弱切削阶段；最后，工件表面被磨平，单位面积上的压力极低，磨条与工件之间又形成油膜，不再接触，切削自动停止，此为自动停止切削阶段。整个加工过程所需的时间很短，一般在 30 s 左右，生产率较高。

2. 研磨

研磨是用研磨工具和研磨剂从工件上研去一层极薄表层的精加工方法，可以达到很高的尺寸精度和形状精度，表面粗糙度值可达 0.04~0.4 μm，多用于精密偶件（如发动机的气门与气门座）、精密量规和精密量块等的最终加工。

①研磨加工的基本原理。研具和工件在一定压力下做复杂的相对运动，使介于工件与硬质研具间极细粒度的磨粒以复杂的轨迹滚动或滑动，对工件表面起切削、刮擦和挤压作用或机械化学作用，从而去除微小加工余量。

②研具。制造研磨工具的材料应软硬适当，一般选用比工件材料软且组织均匀的材料，常用的是铸铁。铸铁研具适用于加工各种材料的工件，能保证较好的研磨质量和较高的生产率，且制造容易，成本较低，适用于精研加工。铜、铝等软金属研具较铸铁研具更容易嵌入较大的磨料，适用于切除较大余量的粗研加工。

③研磨剂。研磨剂是由磨料和油脂混合起来的一种混合剂。碳化硅（SiC）及氧化铝（Al_2O_3）是一般常用的两种磨料；而金刚石粉（C）及碳化硼（B_4C）用于硬质合金的研磨加工；氧化铬（Cr_2O_3）和氧化铁（Fe_2O_3）是极细的磨料，主要用于表面质量要求高的表面研磨加工。研磨加工中，研磨液（油脂）对加工表面粗糙度和生产率的影响也是不可忽视的，研磨液不仅要起调和磨料和润滑冷却的作用，还要起化学作用，以加速研磨过程。目前，常用作研磨液的油脂主要有变压器油、凡士林油、锭子油、油酸和葵花籽油等。

④研磨参数。研磨参数有磨料粒度、研磨速度、研磨余量和研磨压强。磨料的粒度一般要根据所要求的表面粗糙度来选择，粒度越细，则加工后的表面粗糙度值越低。粗研时，为了提高生产率，用较粗的粒度，如 W28~W40；精研时，则用较细的粒度，如 W5~W28；镜面研磨时，则用更细的粒度，如 W1~W3.5，甚至还用 W0.5。

研磨时的切削速度较低，一般都小于 0.5 m/s，精密研磨时的切削速度则应小于 0.16 m/s。

为了提高生产效率和保证研磨质量，研磨余量应尽量小，一般手工研磨不大于 10 μm，而机械研磨也得小于 15 μm。

采用手工研磨时，主要靠操作者的感觉确定研磨压强；采用机械研磨时，可用 0.01~0.03 MPa；若分粗、精研磨，则粗研磨时用 0.1~0.3 MPa，精研磨时用 0.01~0.1 MPa。

3. 珩磨

珩磨的加工原理与超精加工相似。运动方式一般为工件静止，珩磨头相对于工件既做旋转又做往复运动。珩磨是最常用的孔光整加工方法，也可以加工外圆、齿形表面。

珩磨条一般较长，多根磨条与孔表面接触面积较大，加工效率较高。珩磨头本身制造精度较高，珩磨时，多根磨条的径向切削力彼此平衡，加工时刚度较好。因此，珩磨对尺寸精度和形状精度也有较好的修正效果。加工精度可以达到 IT5~IT6 级精度，表面粗糙度值为 0.01~0.16 μm，孔的椭圆度和锥度修正到 3~5 以内。珩磨头与机床浮动连接，故不能提高位置精度。

4. 抛 光

当被加工表面要求较高的表面质量，而对形状精度没有严格要求时，就不能用硬的研具而只能选用软的研具进行抛光加工。抛光与研磨并没有本质上的区别，抛光是在毡轮、布轮、皮带轮等软研具上涂抛光膏，利用抛光膏的机械作用和化学作用，去掉工件表面粗糙的峰顶，使表面达到光泽镜面的加工方法。

抛光磨料可用氧化铬、氧化铁等，也可用按一定化学成分配合制成的抛光膏。

机械抛光常用于去掉前道工序所留下来的痕迹，可对平面、外圆、沟槽等进行抛光。例如钻头排屑沟的抛光加工及各种手轮、手柄等镀铬前的抛光加工。抛光加工可提高工件表面的疲劳强度。

液体抛光是将含磨料的磨削液经喷嘴用 6~8 个大气压高速喷向已加工表面，磨料颗粒就能将原来已加工过工件表面上的凸峰击平，而得到极光滑的表面。

液体抛光之所以能降低加工表面粗糙度，主要是由于磨料颗粒对表面微观凸峰高频（200 万次/秒~2500 万次/秒）和高压冲击的结果；液体抛光的生产率极高，表面粗糙度值可达 0.1~0.8 μm，并且不受工件形状的限制，故可对某些其他光整加工方法无法加工的部位（如内燃机进油管内壁）进行抛光加工。

液体抛光是一种高效的、先进的工艺方法，此外还有电解抛光、化学抛光等方法。

第四章　机械加工制造能效提升

第一节　机械加工制造系统能效评价技术

一、机械加工制造系统能效评价特性

(一) 机械加工制造系统能效评价分布特性

1. 机械加工系统能效评价的多能量源特性

机械加工车间能量源众多，一般可以分为三类：加工设备、辅助设备和环境服务设施。其中加工设备主要是各类机械加工机床，完成车削、钻削、镗削、铣削、刨削、插削、锯削、拉削、磨削、精准加工、光整加工、齿轮加工、螺纹加工等加工工艺；辅助设备是为加工提供辅助支持的设备，包括运输设备、车间压缩空气设备等；环境服务设施包括通风、照明等装置，为车间生产提供合适的外部环境。其中，每种设备又由多个能耗源组成，以普通车床为例，包括主传动系统、冷却系统、刀架快速移动系统、照明和信号灯系统等；而数控机床就复杂得多，如 YD31125CNC6 数控滚齿机包括主传动系统、进给系统、液压系统、静压系统、冲屑系统、冷却系统等，见表 4-1。

表 4-1　YD31125CNC6 数控机床能量源

能量源	驱动电动机	额定功率/kW
液压系统	液压电动机 Y2-132M-4	7.5
静压系统	静压电动机 Y2-132M-4	7.5
冷却系统	冷却电动机 STA404/350	2.2
床身冲屑系统	床身冲屑机 STA402/250	1.3
槽冲屑系统	槽冲屑机 STA404/350	2.2
静压油冷却系统	静压油冷机 HB0-3RPSB	7.9

能量源	驱动电动机	额定功率/kW
冷却油冷却系统	冷却油冷机 AKZJ568-H	4
油雾分离系统	油雾分离机 GMA3O-O2D-R/U1.8/h	1.05
水冷却系统	水冷却机 UWK-2.5RPTSB	3.3
B 主传动系统	伺服水冷电动机 1PH4163-4NF26-Z	37
C 工作台旋转系统	伺服电动机 1FP6134-6AC71-1EK3	13.6
X 径向进给系统	伺服电动机 1FT6084-6AC71-3AGO	4.6
Z 轴向进给系统	伺服电动机 1FT6086-8AC71-3AH1	5.8
Y 切向进给系统	伺服电动机 1FT6044-6AC71-3EHO	1.4
A 转向进给系统	伺服电动机 1F1T6064-6AC71-3EBO	2.2

机械加工系统能耗状态的多能量源特性意味着能效的深化评价须面向多能量源进行。

2. 机械加工系统能耗及其能效评价的层次分布特性

机械加工系统是产品生产的复杂载体，跨越产品、车间、任务、制造单元和生产设备等不同层次，每个层次的能耗有其基本特征。如设备层能耗是机械加工系统的主体，而车间层除了机械加工设备消耗能量，一些辅助设备也要消耗能量，对于产品层，则要考虑从原材料准备、零部件生产、产品组装到产品回收利用等所有阶段的产品全生命周期过程的能耗。

（二）机械加工制造系统能效评价变化特性

1. 机械加工系统的瞬态能效动态变化特性

某一时段内机械加工系统的能耗呈现动态变化特性。机械加工设备的能耗变化体现在三个方面：一是机床启动过程功率变化，二是不同加工工序能耗规律各异，三是每道加工工序的输入功率随时间发生的变化。

2. 机械加工系统的过程能效动态变化特性

机械零件的能耗贯穿于粗加工、半精加工、精加工的整个机械加工工艺过程，在机械加工工艺过程各阶段均需要能量支撑；同时，工件在机械加工工艺过程不同阶段的能耗特性大不相同。铣削一个工件的加工过程包括 9 道工序，每道工序的能耗均不一样。机械加工工艺过程能耗的动态变化使得机械加工系统能效评价需要面向机械加工工艺过程。

二、机械加工制造系统能效动态评价指标体系

（一）机械加工制造系统能效评价指标建立

机械加工系统是一个多层次复杂系统，包括多种加工工艺和不同的机械设备。机械加工系统能效评价应该面向三个层次：加工设备层、工件层和车间系统层。其中，加工设备是完成加工任务的主要执行机构，也是车间的基本构成要素。加工设备是车间能耗的主要来源之一；工件是被加工对象，工件的加工过程由一系列加工工序组成，每个加工工序分配到车间相应的加工设备上完成；车间是完成加工任务的场所，工件在车间的加工设备和物流设施上流转，最终变成成品，车间的能量消耗来源包括加工设备、物流设施和其他辅助设施等。

在建立机械加工系统能效评价指标时，主要基于如下假设：

①加工设备主要消耗电能，因此机械加工系统能效评估中只考虑电能的消耗。

②机械加工系统每一层次的能量流不同，因此能效评价指标不一样。其中，加工设备层重点考察机床的能量构成；工件层重点评估单个工件在各个加工工艺过程的各种能效；而车间系统层则综合评价一个评价周期内加工设备和辅助设施的能耗和能效。

在考虑以上假设条件的同时，还进行了以下定义：

①有效能量利用率是有效能量与总能量的比值。其中，机械加工过程的有效能量一般指切削能量，总能量是指评估周期内被评价对象消耗的能量。

②加工能量利用率是加工能量与总能量的比值。其中，加工能量是指工件处于加工状态下加工设备消耗的能量。

③比能效率是总能量与有效产出的比值。其中，有效产出包括材料去除量和工件个数等。

④一般情况下，能量是瞬时功率关于时间的积分，但是加工设备和辅助设备的空载能量、间停能量和环境服务设施能量分别近似为空载功率与空载时间的乘积、基础功率与间停时间的乘积以及额定功率与运行时间的乘积。

面向机械加工系统能效评价特性的机械加工系统能效评价指标见表4-2。

表 4-2　面向机械加工系统能效评价特性的机械加工系统能效评价指标

层级	评估指标	指标计算
机床设备层	机床有效能量利用率	机床有效能量利用率=有效能量/设备总能量。存效能量利用率考察一个时间段（班次、日、月等）内的设备能效，金属切削机床的有效能量一般为切削能量，切削能量是指材料切除消耗的能量，设备总能量是考察时间段内设备的总能耗
	机床加工能量利用率	机床加工能量利用率=加工能量/设备总能量。其中，加工能量是设备加工时段的能耗
	机床比能效率	机床比能效率=设备总能量/设备有效产出。其中，有效产出可以用材料去除量或工件数表示
工件层	工件有效能量利用率	工件有效能量利用率=一个工件的有效能量/加工该工件的总能量。其中，工件的总能量是指完成工件加工全过程的能耗，包括加工设备总能量和工件分摊的辅助设施能耗
	工件加工能量利用率	工件加工能量利用率=一个工件的加工能量/加工该工件的总能量。其中，工件的加工能量是指工件在各个加工时段下的能耗
	工件比能效率	工件比能效率是指加工一个工件的总能耗量
车间系统层	车间有效能量利用率	车间有效能量利用率=车间的有效能量/车间总能耗。其中，车间有效能量是指车间所有加工活动消耗的有效能量之和；车间总能耗包括生产设备能耗和辅助设施能耗。辅助设施包括辅助设备和环境服务设施，如车间照明系统、压缩空气系统、搬运系统、通风系统以及制冷系统等
	车间生产能量利用率	车间生产能量利用率=生产设备能耗/车间总能耗
	车间比能效率	车间比能效率=车间总能耗/车间有效产出。其中，车间有效产出可以用产值或工件数代表。可以通过查阅生产文件、现场观测或自动识别获取一个时间段内的加工工件总数

（二）集成化机械加工制造系统能效指标获取方法

根据机械加工系统能量模型和能效模型分析，进行机械加工系统能效指标计算需要基于多项参数。机械加工系统能效指标体系中的未知数可以分为功率和时间两类，其中功率又分为常量功率和变量功率两种，如常量功率包括加工设备和辅助设备的基础功率、空载功率，以及环境服务设施的额定功率等，变量功率包括加工设备的切削功率、载荷损耗功率和辅助设备的有效功率、载荷损耗功率等。不同参数的获取方法不一样，大致可分为三类，见表4-3。

表4-3 机械加工系统能效指标计算中的参数获取方法

获取方法	经验公式	离线实验	生产文件
参数	切削功率 P_c	空载功率 P_u	空载时间 t_u
	切削能量 E_c	启动能量 E_s	停留时间 t_b
	加工能量 E_m	基础功率 P_b	环境服务设施额定功率 P_e
	辅助设备有效功率 P_0	载荷损耗系数 a	系统运行时间 T，工件数量 m

1. 时间参数的获取

机械加工车间不同运行状态的有效时间是指加工设备的加工时间或辅助设备的操作时间，环境服务设施的运行状态在整个过程中都稳定，不存在状态之分。因此，需要获取的时间参数包括设备运行总时间，加工设备待机时间、加工时间和间停时间，辅助设备待机时间、操作时间和间停时间。

（1）加工设备

考虑到加工设备不同运行状态的功率消耗不一样，可基于功率的运行时间获取方法。该方法的原理是：①离线实验获取加工设备的基础功率和空载功率，作为状态判断的参考功率值，加工状态的参考功率值设定为相应空载功率的一定百分比；②实时采集加工设备的输入功率，当相邻采集时间功率值的变化率超过某给定值时，判断加工设备状态发生变化，并记录时间节点；③将该时间点的功率值与数据库中的参考功率值对比，判断加工设备所处的状态并记录；④直至下一个状态发生时间点，记录两个状态之前的时间段值，即为该状态的时间值。

对于数控机床，待机时间和间停时间可以直接从数控程序中调出，加工时间可以由工件及毛坯属性、工艺参数和工艺过程确定或计算出。

（2）辅助设备

机械加工车间辅助设备的运行状态不容易自动获取，可采用一种根据平均生产率推算辅助设备操作时间的方法。以运输设备为例，已知运输距离为 s，车间平均生产率为 Y，运输设备的一次运输量为 y，运输设备工作速度为 v，则单程运输时间 $t = \dfrac{s}{v}$，那么在一

个班次 T 时间内，运输设备操作时间为 $\dfrac{s}{v} \cdot \dfrac{Y}{y}T$。

2. 变量功率的获取

变量功率包括加工设备的切削功率、载荷损耗功率和辅助设备的有效功率、载荷损耗功率等。

（1）加工设备切削功率的获取

切削功率可以近似为切削力和切削速度的乘积，即

$$P_c = 10^{-3}F_{ce}v_c$$

式中，P_c 为切削功率（kW）；F_c 为切削力（N）；v_c 为切削速度（m/s）。

（2）加工设备载荷损耗功率的获取

机床载荷损耗功率是切削功率的二次函数，即

$$P_a = a_1P_c^2 + a_2P_c$$

式中，a_1、a_2 是载荷损耗系数。

（3）辅助设备有效功率的获取

机械加工车间的辅助设备主要包括运输设备和空气压缩机等。

①运输设备。运输设备的有效功率是所载物料在搬运方向与运输设备接触面产生的摩擦力和运输设备运行速度的乘积，即

$$P_0 = \frac{1}{1000}Fv$$

式中，P_0 为运输设备的有效功率（kW）；F 为运输设备上所有物料在输送方向上产生的摩擦力（N）；v 为运输设备工作速度（m/s）。

摩擦力 F 等于物料重力与摩擦因数的乘积，故式 $P_0 = \dfrac{1}{1000}Fv$ 可以转换为

$$P_0 = \frac{1}{1000}Gfv$$

式中，G 为运输设备所载物料的重量（N）；f 为摩擦因数。

②空气压缩机。压缩机每一理论工作循环的等温压缩功为

$$W_0 = \int_{p_1}^{p_2} \frac{p_1V_1}{p}\mathrm{d}p = p_1V_1\ln\frac{p_2}{p_1}$$

行程容积 V_h 代表压缩机每转的理论吸气量，若压缩机的转速为 n，则可求得等温压缩理论功率的表达式为

$$P_0 = \frac{1}{1000}p_1V_hn\ln\frac{p_2}{p_1}$$

式 $W_0 = \int_{p_1}^{p_2} \frac{p_1 V_1}{p} \mathrm{d}p = p_1 V_1 \ln \frac{p_2}{p_1}$ 和式 $P_0 = \frac{1}{1000} p_1 V_h n \ln \frac{p_2}{p_1}$ 中，W_0 为每一理论工作循环等温压缩能耗（J）；P_0 为压缩机等温压缩理论功率（kW）；p_1、p_2 分别为标准吸气和排气状态的吸气和排气压力（Pa）；V_1、V_h 分别为一个循环和每转的理论吸气量（m^3）；n 为压缩机的转速（r/s）。

（4）辅助设备载荷损耗功率的获取

①动力运输设备。动力运输设备是由电动机驱动，经机械传动转换的运输系统，其动力机构与加工设备类似，所以也存在电损和机械损耗，即载荷损耗。参考加工设备的载荷功率损耗，动力运输设备的载荷功率损耗可以假定为有效功率的一次函数，即

$$P_a = a P_0$$

式中，a 为运输设备的载荷损耗系数。

②空气压缩机。机械制造车间使用的空气压缩机由电动机驱动，经一定的机械传动机构实现空气压缩，所以载荷损耗原理与加工设备类似。所以空气压缩机的载荷损耗功率也可以用式 $P_a = a P_0$ 计算得到。

三、机械加工制造系统能效评价流程

机械加工制造系统能量效率评价流程包括：①划分评价边界，确定机械加工系统的构成要素、能量的计算级别；②根据机械加工系统能效评价指标体系选择相应的评价指标；③收集评价所需的相关数据，包括能量数据和物流数据等，收集方法主要依靠现场检测、历史数据、经验估算以及查找说明书和生产文件等；④选择合适的评价工具对机械加工系统能效进行评价，评价工具必须能够反映机械加工系统能效评价的复杂性和动态性；⑤评价之后可以输出评价结果，经过判断后，可以把可行的评价结果进一步生成评估报告，从而指导企业的能效优化。

（一）机械加工制造系统能效评价边界划分

能效评估的前提是能量边界的界定。不同的边界界定方法使得评估参数的含义不一样。同一加工工序，由于分析边界不一样，计算出来的能耗量会有数量级的区别。目前虽然已有一些典型产品和加工工序的能耗量参考数据，但是对边界的划分不统一，给工业企业应用带来不便，因此亟须对机械加工系统能耗边界标准化。

很多学者突破传统的直接能耗分析边界，将能量分析追溯到能源制备和材料制备过程

的间接能耗。常见的扩展边界能耗分析方法有能值分析和内含能分析两种。不同类的能，一般可以按照其产生或作用过程中直接或间接使用的太阳能的总量来衡量，以其实际能含量乘以太阳能转化率来比较。能值分析是应用热动力学中的投入产出理论分析制造系统的能值投入、有效能值产出和能值损耗，从而得到能值效率。

内含能（embodied energy）可以定义为一个评估产品在其全生命周期过程中消耗能量的指标。不同地区能源制备过程有所区别，造成能源产品内含能不同。

机械加工系统是加工过程及其所涉及的硬件、软件和人员所组成的一个将能源和物料等资源转变为产品或半成品的输入输出系统。机械加工车间制造系统是一种量大面广的典型制造系统，它采用各种机械加工工艺将各种不同原材料制成形状、大小、性能各异的零件。在这些生产工艺运行的过程中，伴随着不同物料的输入与输出（物料流）、能源的生产转换与消耗（能量流）、废弃物的排放与处理（废物流）等过程。

机械加工车间制造系统制造过程的主要目的是将不同种类的原材料转化为各种各样的产品，同时在此过程中消耗能量并向环境中排放废弃物。对于机械加工行业的车间制造系统而言，其运行直接消耗原材料、辅助材料（刀具、切削液等）、能量（主要是电能，以及部分的水蒸气、天然气等），并产生废弃物（废屑、废液、废气等）。其工艺主要包括车削、钻削、镗削、铣削、刨削、插削、锯削、拉削、磨削、精准加工、光整加工、齿轮加工、螺纹加工等。

（二）机械加工制造系统能效数据收集

机械加工系统能效评价过程涉及的数据类型多、数据来源复杂，能效评价需要大量基础数据，特别是各种工艺和各种设备及其各种状态的能耗基础数据，这就需要建立机械加工系统能效评价的基础数据库。

这些基础数据主要包括两类。第一类包括环境服务设施的额定功率、运行时间，加工设备的能量系数 κ、切削时间、切削体积，辅助设备的有效功率等；第二类包括加工设备的空载功率、启动能量、基础功率、辅助设备的空载功率等。

第一类基础数据中的其他一些数据需要根据生产文件计算得到。例如，切削时间根据机械加工工艺规程中的工艺参数计算得到；切削体积根据机械加工工艺规程中的切削余量和工件信息计算得到；计算辅助设备的有效功率所需的参数通过查阅设备说明书和车间生产计划文件获取；环境服务设施的运行时间通过查询车间班次管理文件获取；待机时间、间停时间根据生产经验设定。

对于第二类基础数据，需要进行多组实验才能获得。机床的启动能量是机床从停机状态转换为开机状态全过程的能耗，对于切削加工机床一般包括机床润滑系统、液压系统和控制系统等子系统的启动能量。机床的启动时间较短，可以多次测量同一台机床的启动时间，然后取平均值。机床的空载功率是从机床主轴开启到特定转速平稳运行后机床的总输入功率。一般在空载状态下，机床所有子系统均已开启，只是没有进行切削加工，即主轴在空转。空载功率的获取可以待机床进入空载状态平稳之后取多组数据的平均值。机床的基础功率是机床待机状态下的总输入功率，与空载功率相比，待机状态下机床的切削子系统处于停机状态。一般机床在间停时段消耗的功率即为基础功率。机床间停时段的发生主要是由于工序切换等。辅助设备的空载功率是设备所有功能开启至平稳状态但未进行操作的总输入功率。如运输设备的空载功率是指设备已处于正常运作状态但未装载货物的情况下的输入功率。

第二节 机械加工车间能效提升支持系统框架原理

一、系统框架

机械加工车间能效综合提升支持系统硬件平台包括功率传感器、智能能效信息终端、专用服务器、车间无线网络等。功率传感器主要用于采集机床总功率、主轴系统功率；智能能效信息终端通过对机床实时功率信息的处理与分析，获得机床运行状态与能效信息；车间网络将智能能效信息终端与专用服务器连接，并在专用服务器上布置"机械加工车间能效监控管理与提升系统"，用于开展能效动态获取系统、能效深度评价系统、能耗与能效预测系统、能耗定额科学制定系统、生产调度节能优化系统、加工工艺节能规划系统等的数据处理；用户通过浏览器，可实时查看车间机床能效信息、生产任务能效信息并通过车间能效监控管理、工艺规划、生产调度优化等实现车间能效提升。

软件结构采用"Client-Server-Browser"架构，客户端（Client）配置机床能效监控系统，对机床能效信息、机床运行状态信息、工件加工信息进行在线监测，并将实时监测信息传输到服务器端；服务器端（Server）完成机械加工车间能效动态获取、能效深度评价、能耗与能效预测、能耗定额科学制定、工艺参数节能优化、工艺路线节能优化调度以及制造执行系统（MES）中的车间作业计划管理、车间制造过程管理等功能模块信息的处理；浏览器端（Browser）对机床能耗信息、运行状态信息和工艺过程信息进行监控和查询。

二、功能模块与基本流程

机械加工车间能效监控管理与提升系统各功能模块和基本工作流程分别如图 4-1、图 4-2 所示。首先进入工艺卡片能效优化子模块，输入工件信息，查询是否已有工艺过程卡，若有则可直接调用工艺路线，否则进行工艺路线制定。对存在的工艺路线须决定是否进行工艺路线能效优化，若不需要，则直接生成工艺卡片用于车间生产，否则进入工艺参数节能优化子模块，通过能耗预测模型建立工艺参数节能优化模型，优化得到各工步工艺参数、能耗等信息，进入工艺路线能效优化子模块生成优化工艺路线，并形成工艺过程卡。最后对车间作业计划在工艺路线节能优化调度模块进行相同工艺卡片和不同工艺卡片下的节能优化调度，并进行工序派工生产。能效动态获取系统子模块可对工件加工过程中车间设备的运行状态、实时功率、能耗进行监控。能效深度评价系统子模块可对监控的数据从不同层次进行能效评价。能耗定额科学制定系统子模块，可通过监控数据、预测数据对工件和生产任务进行能耗定额。

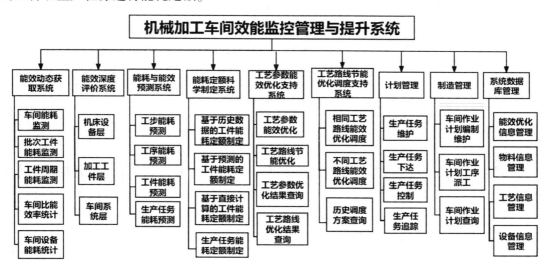

图 4-1 软件系统各功能模块

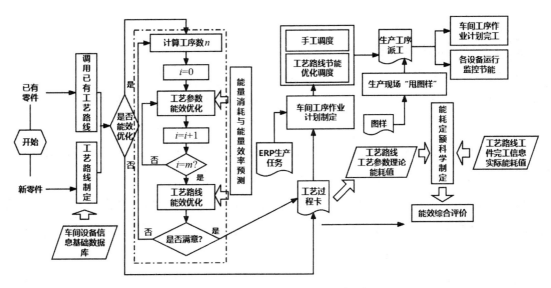

图 4-2 软件基本工作流程示意图

各模块介绍如下：

（一）能效动态获取系统

实现对车间设备的能效信息、运行状态信息的实时监测，设备在查询时间段内的总输入能量、有效能量、能量利用率的报表统计，以及批次工件能耗信息、工件周期能耗信息。

（二）能效深度评价系统

通过对机床实时监测数据进行分析和处理，实现对机床设备层、加工工件层和制造车间层能效的量化评价。

（三）能耗与能效预测系统

根据工件图样和加工工艺，实现对工件加工过程的每一工步、工序的能耗和能效进行预测，并实现批量加工任务的能耗和能效预测。

（四）能耗定额科学制定系统

实现基于历史数据的工件能耗定额制定和基于直接计算的工件能耗定额制定。

（五）工艺参数节能优化系统

以参数优化模型和算法为基础，以能效、加工时间、加工成本为优化目标，实现工件加工工艺过程每一工步的切削参数多目标节能优化。

（六）工艺路线节能优化调度系统

以路线优化模型为基础，实现相同工艺路线和不同工艺路线节能优化调度。

（七）计划管理

以输入的待加工工件的物料信息和工艺过程信息为基础，生成车间生产计划，包括该工件的批次、数量、令号等信息，并将该生产计划下达到车间。

（八）制造管理

以下达到车间的生产计划为基础制订生产车间作业计划，按照工序顺序将一定数量的工件派工到工人和相应的机床设备进行加工。

第三节　机械加工车间能效提升支持系统开发

一、用户管理模块

该模块可对该系统的用户进行分配和管理，主要角色包括系统管理员、工艺员等。如上节所述，系统管理员可对数据库进行管理、对用户角色进行分类、对用户权限进行配置和对各功能模块进行操作等权限。工艺员可进行工艺添加和修改、工艺参数优化及结果查询、刀具和工艺参数集成优化及结果查询、工艺路线优化及结果查询。同时，工艺员也可以访问系统其他功能模块，如能效动态获取、能效评价等。

二、能效动态获取系统

能效动态获取系统主要包括车间能耗监测、批次工件能耗监测、工件周期能耗监测、车间比能效率统计、车间设备能耗统计五个功能模块。

（一）车间能耗监测

实时监测车间设备能效信息和运行状态信息。监测的能效信息为车间实时总功率、输

入总能量、有效加工总能量、能量利用率等，监测的运行状态信息为机床开启数量、开机时间、加工时间、待机时间、实时状态等。

（二）批次工件能耗监测

批次工件能耗监测可基于工件加工路线卡号进行查询，获取每个工序以及整个批次的能效信息。

（三）工件周期能耗监测

工件周期能耗监测可实现在一个加工周期内，对某一工件的所有加工批次的能效信息进行监控统计。

（四）车间比能效率统计

车间比能效率为某车间在一段时间每种加工工件的比能效率统计。

（五）车间设备能耗统计车间设备能耗统计

可实现车间所有设备在一段时间内运行信息和能效信息的统计。其中运行信息包括设备开机时长、加工时长、设备有效利用率，能效信息包括设备总消耗能量、有效加工能量、有效能量利用率。

三、能效深度评价系统

能效深度评价系统包括机床设备层能效评价、加工工件层能效评价和车间系统（系统中为车间系统层，含义相同）层能效评价三个功能模块。

（一）机床设备层能效评价

机床设备层能效评价以有效能量利用率、加工能量利用率为评价指标对车间内的机床设备能效进行评价。

（二）加工工件层能效评价

加工工件层能效评价以有效能量利用率、加工能量利用率为评价指标对加工工件在某段时间内的能效进行评价。

（三） 制造车间层能效评价

制造车间层能效评价以有效能量利用率、加工能量利用率为评价指标对车间在某段时间内的能效进行评价。

四、能耗与能耗预测系统

能耗与能耗预测系统包括工步能耗预测、工序能耗预测、工件能耗预测、加工任务能耗预测四个功能模块。

（一） 工步能耗预测

工步能耗预测实现工艺过程卡中某工步能耗的预测。选择需要进行能耗预测的工艺过程卡及工步，并输入工步加工工艺参数值以及其他相关参数，系统调用后台能耗预测模型和算法对该工步的工步切削能耗、工步加工总能耗和工步有效能量利用率进行预测，并将预测的能耗信息存入数据库。

（二） 工序能耗预测

工序能耗预测实现工件某工序的能耗预测。选择需要进行能耗预测的工艺过程卡及工序、工序的加工设备，并输入该工序下所有工步的加工工艺参数值和其他相关参数，系统调用后台能耗预测模型与算法对工序的每个工步的能耗进行预测，从而得到该工序的工序切削能耗、工序加工总能耗和工序有效能量利用率，并将能耗预测结果存入数据库。

（三） 工件能耗预测

工件能耗预测是指对工件的能耗进行预测。选择需要进行能耗预测的某工件的某条工艺过程卡，然后选择该工艺过程卡工序的加工设备、工步加工工艺参数、加工刀具和其他相关参数，最后系统调用后台能耗预测模型和算法对每个工步的工步切削能耗、工步加工总能耗和工步有效能量利用率进行预测，从而得到该工件的能耗预测信息，并将能耗预测结果存入数据库。

（四） 加工任务能耗预测

加工任务能耗预测是根据工件能耗预测信息对某批加工任务能耗进行预测。选择需要进行能耗预测的加工任务单，并选择加工该批加工任务的工艺过程卡和每条工艺过程卡下加工的任务量，根据在工件能耗预测模块中得到的工件在每条工艺过程卡下的能耗与时间信息对该批加工任务的能耗进行预测，分别得到该批加工任务在每条工艺过程卡下加工的能耗预测信息。

五、能耗定额科学制定系统

能耗定额科学制定系统包括基于历史数据的工件能耗定额制定、基于预测的工件能耗定额制定、基于直接计算的工件能耗定额制定、生成任务能耗定额制定四个功能模块。

（一）基于历史数据的工件能耗定额制定

基于历史数据的工件能耗定额是以监控获取的能耗数据为依据对工件能耗进行定额。选择某工件需要进行能耗定额的工艺路线卡，并输入使用的历史能耗数据的时间段，根据所选时间段查询数据库内所有这段时间内加工完成的加工任务，然后根据选择进行能耗定额的工艺卡片，得到工件加工平均能耗，并输入一定的能耗定额宽放系数，从而得到该工件基于车间监测能耗数据的能耗定额。

（二）基于预测的工件能耗定额制定

基于预测的工件能耗定额是以根据历史数据模拟出来的预测数据为依据对工件能耗进行定额。选择某工件需要进行能耗定额的工艺路线卡，并输入用来预测的时间段，根据预测数据查询数据库内所有预测时间内加工完成的生产任务，然后根据选择进行能耗定额的工艺卡片，得到工件加工平均能耗，然后输入宽放系数之后就可计算出基于预测的该工件的能耗定额。

（三）基于直接计算的工件能耗定额制定

基于直接计算的工件能耗定额是直接采用能耗模型计算工件能耗定额。输入需要进行能耗定额的工艺过程卡，选择工艺过程卡工序的加工设备，并输入工步的工艺参数值、加工刀具等相关参数，调用后台能耗与能效预测模型对工步的总加工能耗进行计算，从而得到工序或工件的能耗，然后输入能耗定额宽放系数，计算得到基于直接计算的工件能耗定额。

（四）生成任务能耗定额制定

加工任务能耗定额是对某批加工任务能耗进行定额。选择需要进行能耗定额的加工任务单、工艺过程卡，并分配每条工艺过程卡的加工批量，根据在工件能耗定额得到的工件能耗、时间信息对该批加工任务的能耗进行定额，得到该批加工任务总能耗。

六、工艺参数节能优化系统

工艺参数节能优化系统主要包括工艺参数节能优化和工艺路线能效优化两个模块。

（一）工艺参数节能优化

输入工件工艺过程卡编号等信息，进入工步选择界面，并选择需要进行工艺参数能效优化的工步。

输入工步的详细信息，然后选择需要优化的工艺参数，包括主轴转速、进给速度、切削深度、切削宽度等；选择工艺参数优化目标，并输入能效优化目标相关参数。

输入目标相关参数，单击"开始优化"按钮。通过调用工艺参数能效优化模型和算法对加工参数进行能效优化，得到优化结果。

（二）工艺路线能效优化

首先须查询工件是否已存在需要进行能效优化的工艺路线，若存在，则可以直接生成工艺过程卡或对该路线进行能效优化并生成工艺过程卡；若不存在，需要进入数据库管理模块填写工艺路线的基本信息，然后回到工艺路线能效优化模块进行工艺路线的能效优化，并生成工艺过程卡。

确定需要进行能效优化的工艺路线，并选择各工序的可选加工设备、输入工序间的约束，以及工艺路线能效优化的目标，进行工艺路线能效优化。

通过系统调用优化算法计算得到该工艺路线的能效优化结果，实现工序加工顺序优化、工序加工机床优化，并得到该工艺路线下的总能耗、加工时间和有效能量利用。

七、工艺路线节能优化调度系统

工艺路线节能优化调度系统包括相同工艺路线节能优化调度和不同工艺路线节能优化

调度两个功能模块。

（一）相同工艺路线节能优化调度

相同工艺路线节能优化调度是以能耗、完工时间为目标，基于能耗预测和工艺路线能效优化生成的工艺路线，同批加工任务以相同工艺路线进行加工的生产调度。

选择需要进行节能优化调度的加工任务、工件可选工艺过程卡，查询该工艺过程卡下的能耗、时间信息，并获取工艺过程卡每道工序的加工设备分类、加工时间，获取每批工件的到达时间。

调用优化算法进行运算，并将调度方案输出至前台界面，并输出该调度方案下每项任务的总能耗、加工时间以及该调度方案的总能耗、总加工时间、有效能量利用率。

（二）不同工艺路线节能优化调度

不同工艺路线节能优化调度是以能耗、完工时间为目标，基于能耗预测和工艺路线能效优化生成的工艺路线，同批加工任务可选择不同工艺路线进行加工的生产调度。

选择需要节能优化调度的加工任务，后台程序搜索数据库获取该工件的所有工艺路线，在"工艺过程卡"选项下给工件制定该次任务下的可选工艺过程卡，并查询这些工艺过程卡的能耗、时间信息，同时获取每条工艺过程卡每道工序的加工设备分类、加工时间，从前台获取每批加工任务的到达时间。

调用调度优化算法进行运算，并将调度方案输出至前台界面，并输出每条工艺过程卡加工的加工任务批量、加工时间、总能耗以及该调度方案的总能耗、总加工时间、有效能量利用率。

八、计划管理

计划管理可实现加工任务的制定、下达、追踪，还可实现加工任务单的制定。计划员根据订单、预测制定加工任务并下达至车间生产。

九、制造管理

制造管理可实现车间作业计划的派工生产。根据计划管理下达的加工任务单制订车间作业生产计划，并下达至车间派工生产，实现工件加工进度可视化管理。

第四节 机械加工车间能效提升支持系统应用实施

机械加工车间能效监控管理与提升系统（包括能效动态获取系统、能效深度评价系统、能耗与能效预测系统、能耗定额科学制定系统、工艺参数节能优化系统、工艺路线节能优化调度系统等）在某公司机械加工车间开展了应用示范。

在该公司机械加工车间中，通过开展机械加工车间能效监控管理与提升，测试表明，以同样加工任务为基准，将该车间原有能效和加工效率水平与应用该系统后的能效和加工效率水平进行对比，其能效和加工效率提升均达到10%以上。

一、能效动态获取

机械加工车间能效表达形式包括瞬态效率、过程能量利用率和能量比能效率三种，统计数据包括输入能量与有效能量。

输入能量是指机床所消耗的总能量；有效能量是指用于去除物料的能量；瞬态效率是指某一时刻的有效切削功率与输入总功率的比值；过程能量利用率是指某段时间内机床用于去除物料的能量与总能量的比值；能量比能效率是指单个工件在某台机床上所消耗的总能量。

根据以上定义，分别从机床设备层、车间层以及工件层三个层次对能效动态获取技术支持系统进行了测试。

（一）单台机床能效动态获取

以机械加工车间 C2-6150HK/1 型数控车床加工接盘工件为例，进行单台机床能效动态获取精度测试。测试过程中，采用开发的机床能效监测系统对加工过程机床消耗的能量以及能量利用率进行实时监测。同时使用日置宽屏功率分析仪采集机床总功率和输入能量，使用 Kistler9257B 三向测力仪采集机床切削功率和有效能量。

（二）车间能效动态获取

以公司机械加工车间为例，通过统计不同时间段内整个车间的能效指标，验证了能效动态获取技术支持系统对机械加工车间关键能效的动态获取功能。

综上所述，能效动态获取技术支持系统可实现单台机床和整个车间的输入能量、有效能量、瞬态效率、过程能量利用率和能量比能效率等五种关键能效指标的获取，自动获取精度均达到90%以上。

二、能效评价

机械加工制造系统是一个多层次复杂系统，包括多种加工工艺和机械设备。机械加工制造系统能效评价面向机床设备层和车间系统层。该系统采用输入能量、有效能量、加工能量、有效能量利用率和加工能量利用率等指标进行能效评价。各指标定义见表4-4。

表4-4　机械加工制造系统能效评价指标

层级	评价指标	指标计算
机床设备层	机床有效能量利用率	机床有效能量利用率=机床有效能量/机床输入能量 其中，有效能量是指机床用于切除物料所消耗的能量；输入能量为机床消耗的总能量
机床设备层	机床加工能量利用率	机床加工能量利用率=机床加工能量/机床输入能量 其中，加工能量是指机床处于空载和加工状态时所消耗的总能量；输入能量为机床消耗的总能量
车间系统层	车间有效能量利用率	车间有效能量利用率=车间有效能量/车间总输入能量 其中，车间有效能量是指所有机床的有效能量之和；车间总输入能量是指所有机床的输入能量之和
车间系统层	车间加工能量利用率	车间加工能量利用率=车间加工能量/车间总输入能量 其中，车间加工能量是指所有机床的加工能量之和；车间总输入能量是指所有机床的输入能量之和

（一）机床设备层能效评价

以公司机械加工车间 C2-6150HK/1 型数控车床为例，该机床分别在早上 8—10 点、中午 10—12 点以及下午 1—3 点三个时间段加工了支承轴、滚刀轴螺母和外衬套三个工件。利用能效深度评价技术支持系统针对该机床的这三个加工过程进行单台机床能效量化评价测试。根据所测数据可知，C2-6150HK/1 型数控车床在三个评价时间段的有效能量利用率分别为 15.76%、15.05% 和 13.23%，平均有效能量利用率为 14.68%。C2-6150HK/1 型数控车床在三个评价时间段的加工能量利用率分别为 91.16%、86.46% 和 85.80%，平均加工能量利用率为 87.81%。

（二）车间系统层能效评价

以某机械公司机械加工车间为例，通过统计连续三天的早上8点到下午5点三个时间段内整个车间的能效评价指标，实现对车间系统层能效的量化评价。

机加车间的有效能量利用率在10%左右，而加工能量利用率在50%左右。然而某些机床的加工能量利用率可以达到80%以上，这说明整个机加车间还存在着许多空闲待机的情况，工艺路线调度有着很大的优化改进空间。

综上所述，能效评价技术支持系统可实现对单台设备及整个车间系统能效的量化评价，包括能耗检测数据的处理分析、能效评价和结果显示等功能。

三、能耗与能效预测

能耗与能效预测技术支持系统以能耗预测模型为基础，实现对工件加工的每一工步及工序的输入能量、有效能量和有效能量利用率的预测；另外，也可实现工件在某条工艺路线下的输入能量、有效能量和有效能量利用率的预测。各指标定义如下：

输入能量：机床所消耗的总能量。

有效能量：机床所消耗的总切削能量。

有效能量利用率：有效能量与输入能量的比值。

以一批加工数量为30的工件"螺母"为例，对整批工件的加工过程进行能耗与能效预测，同时使用机床能效监测系统对整个加工任务各个工步的能效进行实时监测，验证加工任务能耗和能效预测的精度。

在加工批量为10件的加工任务中，其工步的有效能量平均预测精度为93.39%，输入能量平均预测精度为93.37%，有效能量利用率平均预测精度为93.68%；该批量加工任务的有效能量、输入能量及有效能量利用率平均预测精度分别为93.26%、93.83%、96.53%。

在加工批量为20件的加工任务中，其工步的有效能量平均预测精度为92.24%，输入能量平均预测精度为94.53%，有效能量利用率平均预测精度为95.56%；该批量加工任务的有效能量、输入能量及有效能量利用率平均预测精度分别为92.43%、96.29%、95.99%。

工件"螺母"两批加工任务的有效能量、输入能量及有效能量利用率平均预测精度分别为92.85%、95.06%、96.26%。

四、能耗定额科学制定

以加工一批 CMJ2-522 齿轮为例，分别基于历史数据和基于预测对加工任务进行能耗定额，在已经建立该齿轮不同工艺方法的能耗限额基础上，通过不同工艺方案对该齿轮下达加工任务，并对该齿轮不同加工任务的总能耗进行评价并确定其宽放系数，从而获取该齿轮的生产能耗定额。

对比基于历史数据的加工任务能耗定额和基于预测的加工任务能耗定额，可发现：基于历史数据的加工任务单件工件能耗定额和基于预测的加工任务单件工件能耗定额分别是 0.79 kW·h 和 0.73 kW·h，该工艺路线下的预测模型精度为 92.41%；基于历史数据的加工任务单件工件能耗定额和基于预测的加工任务单件工件能耗定额分别是 0.74 kW·h 和 0.69 kW·h，该工艺路线下的预测模型精度为 93.24%；加工 120 件齿轮，基于历史数据的加工任务能耗定额和基于预测的加工任务能耗定额分别为 91.80 kW·h 和 86.24 kW·h，预测模型平均精度为 93.94%。

五、工艺参数节能优化

铣削工艺参数节能优化展开了对圆柱齿轮工件的键槽、平面等加工特征的粗铣和精铣过程的参数优化，即主轴转速、背吃刀量、铣削宽度及进给量的优化，并对相关能效数据进行采集和分析。

对比铣削加工经验工艺参数和优化之后的工艺参数的能效水平，对圆柱齿轮工件的相关工步中的参数进行优化之后，相比采用经验参数加工时的能效提高了 10.04%。

六、工艺路线节能优化调度

在生产调度过程中，调度方案的合理选择对车间总能耗会产生显著影响。考虑相同工艺路线节能优化调度和不同工艺路线节能优化调度两种调度方式，开发了工艺路线节能优化调度技术支持系统，为车间的实际调度生产提供技术指导。

通过在该公司机械加工车间开展应用实施，很好地验证了所开发的面向广义能效的机械加工工艺规划系统的有效性和实用性。基于该系统的成功应用，也为该公司申报工业和信息化部"绿色工厂"认定提供了良好的支持。随着国家的广泛关注和机械加工制造企业节能减排意识的不断增强，通过在实际应用过程中不断对面向广义能效的机械加工工艺规划系统进行改进优化，该系统未来将进一步扩大应用范围，为我国机械加工制造行业节能减排、实施绿色制造提供有效支撑。

第五章 机械制造自动化及应用

第一节 自动化控制方法与技术

任何机械制造设备自动化的实质都是无须由人在其终端执行元件上来直接或间接操作的自动控制。为了实现机械制造设备的自动化，就需要对这些被控制的对象进行自动控制。

自动控制与机械控制技术、流体控制技术、自动调节技术、电子技术和电子计算机技术等密切相关，它是实现机械制造自动化的关键。它的完善程度是机械制造自动化水平的重要标志。

一、自动化控制的概念

自动控制系统包括实现自动控制功能的装置及其控制对象，通常由指令存储装置、指令控制装置、执行机构、传递及转换装置等部分构成。

自动控制系统应能保证各执行机构的使用性能、加工质量、生产率及工作可靠性。为此，对自动控制系统提出如下基本要求：

①应保证各执行机构的动作或整个加工过程能够自动进行。

②为便于调试和维护，各单机应具有相对独立的自动控制装置，同时应便于和总控制系统相匹配。

③柔性加工设备的自动控制系统要和加工品种的变化相适应。

④自动控制系统应力求简单可靠。在元器件质量不稳定的情况下，对所用元器件一定要进行严格的筛选，特别是电气及液压元器件。

⑤能够适应工作环境的变化，具有一定的抗干扰能力。

⑥应设置反映各执行机构工作状态的信号及报警装置。

⑦安装调试、维护修理方便。

⑧控制装置及管线的布置要安全合理、整齐美观。

⑨自动控制方式要与工厂的技术水平、管理水平、经济效益及工厂近期的生产发展趋势相适应。

对于一个具体的控制系统，第一项要求必须得到保证，其他要求则根据具体情况而定。

二、机械传动控制的特点

机械传动控制方式传递的动力和信号一般都是机械连接的，所以在高速时可以实现准确的传递与信号处理，并且还可以重复两个动作。在采用机械传动控制方式的自动化装备中，几乎所有运动部件及机构都是由装有许多凸轮的分配轴来驱动和控制的。凸轮控制是一种最原始、最基本的机械式程序控制装置，也是一种出现最早而至今仍在使用的自动控制方式。例如，经常见到的单轴和多轴自动车床，几乎全部采用这种机械传动控制方式。这种控制方式属于开环控制，即开环集中控制。在这种控制系统中，程序指令的存储和控制均利用机械式元件来实现，如凸轮、挡块、连杆和拨叉等。这种控制系统的另外一个特点是控制元件同时又是驱动元件。

三、液压与气动传动控制

机械制造过程中广泛采用液压和气动对整个工作循环进行控制。采用高质量的液压或气动控制系统，就成为保证自动化制造装置可靠运行的关键。例如，在液压和气动控制系统中，为了提高工作可靠性，减少故障，要重视系统的合理设计，选择最佳运动压力和高质量的元器件，甚至是最基本的液压管接头也要引起足够的重视。总之，液压和气动控制系统是保证制造过程自动化正常运动和可靠工作的关键组成部分，必须给予足够的重视。

（一）液压传动控制

液压传动是利用液体工作介质的压力势能实现能量的传递及控制的。作为动力传递，因压力较高，所以使用小的执行机构就可以输出较大的力，并且使用压力控制阀可以很容易地改变它的输出（力）。从控制的角度来看，即使动作时负载发生变化，也可按一定的速度动作，并且在动作的行程内还可以调节速度。因此，液压控制具有功率重量比大、响应速度快等优点。它可以根据机械装备的要求，对位置、速度、力等任意被控制量按一定的精度进行控制，并且在有外干扰的情况下，也能稳定而准确地工作。

液压控制有机械-液压组合控制和电气-液压组合控制两种方式。机械-液压组合控制如图 5-1 所示，凸轮 1 推动活塞 2 移动，活塞 2 又迫使油管 3 中的油液流动，从而推动活塞 4 和执行机构 6 移动，返回时靠弹簧 5 的弹力使整个系统回到原位。执行机构 6 的运动规律由凸轮 1 控制，凸轮 1 既是指令存储装置，同时又是驱动元件。

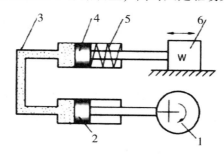

图 5-1　机械-液压组合控制

1-凸轮　2、4-活塞　3-油管　5-弹簧　6-执行机构

电气-液压组合控制如图 5-2 所示，指令单元根据系统的动作要求发出工作信号（一般为电压信号），控制放大器将输入的电压信号转换成电流信号，电液控制阀将输入的电信号转换成液压量输出（压力及流量），执行元件实现系统所要求的动作，检测单元用于系统的测量和反馈等。

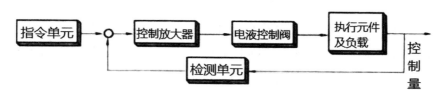

图 5-2　电气-液压组合控制

（二）气动传动控制

气动传动控制（简称气动控制）技术是以压缩空气为工作介质进行能量和信号传递的工程技术，是实现各种生产和自动控制的重要手段之一。

气动控制系统的形式往往取决于自动化装置的具体情况和要求，但气源和调压部分基本上是相同的，主要由气压发生装置、气动执行元件、气动控制元件以及辅助元件等部分组成。气动控制主要有以下四种形式：

1. 全气控气阀系统

即整套系统中全部采用气压控制。该系统一般比较简单，特别适用于防爆场合。

2. 电-气控制电磁阀系统

此系统是应用时间较长、使用最普遍的形式。由于全部逻辑功能由电气系统实现，所以容易使操作和维修人员接受。电磁阀作为电气信号与气动信号的转换环节。

3. 气-电子综合控制系统

此系统是一种开始大量应用的新型气动系统。它是数控系统或 PLC 与气阀的有机结合，采用气/电或电/气接口完成电子信号与气动信号的转换。

4. 气动逻辑控制系统

此系统是一种新型的控制形式。它以由各类气动逻辑元件组成的逻辑控制器为核心，通过逻辑运算得出逻辑控制信号输出。气动逻辑控制系统具有逻辑功能严密、制造成本低、寿命长、对气源净化和气压波动要求不高等优点。一般为全气控制系统，更适用于防爆场合。

四、电气传动控制

电气传动控制（简称电气控制）是为整个生产设备和工艺过程服务的，它决定了生产设备的实用性、先进性和自动化程度的高低。它通过执行预定的控制程序，使生产设备实现规定的动作和目标，以达到正确和安全地自动工作的目的。

电控系统除正确、可靠地控制机床动作外，还应保证电控系统本身处于正确的状态，一旦出现错误，电控系统应具有自诊断和保护功能，自动或提示操作者做相应的操作处理。

（一）电气控制的特点和主要内容

按照规定的循环程序进行顺序动作是生产设备自动化的工作特点，电气控制系统的任务就是按照生产设备的生产工艺要求来安排工作循环程序、控制执行元件、驱动各动力部件进行自动化加工。因此，电气控制系统应满足如下基本要求：①最大限度地满足生产设备和工艺对电气控制线路的要求；②保证控制线路的工作安全和可靠；③在满足生产工艺要求的前提下，控制线路力求经济、简单；④应具有必要的保护环节，以确保设备的安全运行。电气控制系统的主要构成有主电路、控制电路、控制程序和相关配件等部分。

（二）常用的电气控制系统

从控制的方式来看，电气控制系统可以分为程序控制和数字控制两大类。常见的电气控制系统主要有以下四种：

1. 固定接线控制系统

各种电器元件和电子器件采用导线和印制电路板连接，实现规定的某种逻辑关系并完成逻辑判断和控制的电控装置，称为固定接线控制系统。在这种系统中，任何逻辑关系和程序的修改都要用重新接线或对印制电路板重新布线的方法解决，因而修改程序较为困难，主要用于小型、简单的控制系统。这类系统按所用元器件分为以下两种类型：

（1）继电器–接触器控制系统

此系统是由各种中间继电器、接触器、时间继电器和计数器等组成的控制装置。由于其价格低廉并易于掌握，因此在具有十几个继电器以下的系统中仍普遍采用。

此外，在已被广泛使用的 PLC 和各种计算机控制系统中，由继电器、接触器组成的控制电路也是不可缺少的。一个可靠的电控系统必须保证当 PLC 和计算机失灵时仍能保护机床设备和人身的安全。因此，在总停、故障处理和防护系统中，仍然采用继电器–接触器电路。

（2）固体电子电路系统

它是指由各类电子芯片或半导体逻辑元件组成的电控装置。由于此系统无接触触点和机械动作部件，故其寿命和可靠性均高于继电器–接触器系统，而价格同样低廉，所以在小型的程序无须改变的系统中仍有应用，或者在系统的部件控制环节上有所应用。

2. 可编程序控制系统

可编程序控制器（PLC）是以微处理器为核心，利用计算机技术组成的通用电控装置，一般具有开关量和模拟量输入/输出、逻辑运算、四则算术运算、计时、计数、比较和通信等功能。因为它是通用装置，而且是在具有完善质量保证体系的工厂中批量生产的，因而具有可靠性高、功能配置灵活、调试周期短和性能价格比高等优点。PLC 与计算机和固体电子电路控制系统的最大区别还在于 PLC 备有编程器，通过编程器可以利用人们熟悉的传统方法（如梯形图）编制程序，简单易学。另外，通过编程器可以在现场很方便地更改程序，从而大大缩短了调试时间。因此，在组合机床和自动线上大都已采用 PLC 系统。

3. 带有数控功能的 PLC

将数控模块插入 PLC 母线底板或以电缆外接于 PLC 总线，与 PLC 的 CPU 进行通信，这些数字模块自备微处理器，并在模块的内存中存储工件程序，可以在 PLC 系统中独立工作，自动完成程序指定的操作。这种数控模块一般可以控制 1~3 根轴，有的还具有 2 轴或 3 轴的插补功能。

4. 分布式数控系统（DNC）

对于复杂的数控组合机床自动线，分布式数控系统是最合适的系统。分布式数控系统是将单轴数控系统（有时也有少量的 2 轴、3 轴数控系统）作为控制基层设备级的基本单元，与主控系统和中央控制系统进行总线连接或点对点连接，以通信的方式进行分时控制的一种系统。

五、计算机控制技术

计算机在机械制造中的应用已成为机械制造自动化发展中的一个主要方向，而且其在生产设备的控制自动化方面起着越来越重要的作用。

（一）数控机床控制系统

从数控系统来看，由以电子管为基础的硬件数控技术发展到目前以微处理器和高性能伺服驱动单元为基础的控制系统。数控机床的控制系统是由机床控制程序、计算机数控装置、可编程控制器 PLC、主轴控制系统及进给伺服控制系统组成的七数控系统中，CNC 装置根据输入的零件加工程序，通过插补运算计算出理想的运动轨迹，然后输出到进给伺服控制系统，加工出所需要的零件。

CNC 装置对机床的控制既有对刀具交换、冷却液开停、工作台极限位置等一类开关量的控制，又包含用于机床进给传动的伺服控制、主轴调速控制等数字控制。进给伺服控制实现对工作台或刀架的进给量、进给速度以及各轴间运动协调的控制，是 CNC 和机床机械传动部件间的联系环节，一般有开环控制、闭环控制和半闭环控制等几种控制方式。闭环控制形式的进给伺服控制系统，系统直接在移动工作台上安装直线位移检测装置，如光栅、磁尺、感应同步器等，检测出来的反馈信号与输入指令比较，用比较的差值进行控制。它能够平滑地调节运动速度，精确地进行位置控制。

（二）加工中心的控制

1. 加工中心的概念和特点

加工中心（MC）是一种结构复杂的数控机床，它能自动地进行多种加工，如铣削、钻孔、镗孔、锪平面、铰孔和攻螺纹等。工件在一次装夹中，能完成除工件基面以外的其余各面的加工。它的刀库中可装几种到上百种刀具，以供选择，并由自动换刀装置实现自动换刀。可以说，加工中心的实质就是能够自动进行换刀的数控机床。加工中心目前多数都采用微型计算机进行控制。加工中心与普通数控机床的主要区别在于它能在一台机床上完成多台机床上才能完成的工作。

2. 加工中心的组成

自加工中心问世以来，世界各国出现了各种类型的加工中心，它的组成主要有以下几部分：

（1）基础部件

基础部件是加工中心的基础结构，由床身、立柱和工作台等组成，它用来承受加工中心的静载荷以及在加工时产生的切削负载，必须具有足够高的静态和动态刚度，通常是加工中心中体积和质量最大的部件。

（2）主轴部件

主轴部件由主轴箱、主轴电动机、主轴和主轴轴承等零件组成。主轴的启停等动作和转速均由数控系统控制，并且通过装在主轴上的刀具进行切削。主轴部件是切削加工的功率输出部件，是影响加工中心性能的关键部件。

（3）数控系统

加工中心的数控部分由 CNC 装置、可编程序控制器、伺服驱动装置以及电动机等部分组成，它是加工中心执行顺序控制动作和控制加工过程的中心。

（4）自动换刀系统

自动换刀系统由刀库、机械手等部件组成。当需要换刀时，数控系统发出指令，由机械手（或其他装置）将刀具从刀库中取出并装入主轴孔。

（5）辅助装置

辅助装置包括润滑、冷却、排屑、防护、液压、气动和检测系统等部分。这些装置虽然不直接参与切削运动，但对于加工中心的加工效率、加工精度和可靠性起着保障作用，也是加工中心中不可缺少的部分。

（6）自动托盘交换系统

有的加工中心为进一步缩短非切削时间，配有两个自动交换工件的托盘，一个安装工件在工作台上加工，另一个则位于工作台外进行工件装卸。当一个工件完成加工后，两个托盘位置自动交换，进行下一个工件的加工，这样可以减少辅助时间，提高加工效率。

3. 加工中心的分类

加工中心根据其结构和功能，主要有以下两种分类方式：

（1）按工艺用途分

①铣镗加工中心。它是在镗、铣床基础上发展起来的、机械加工行业应用最多的一类

加工设备。其加工范围主要是铣削、钻削和镗削，适用于箱体、壳体以及各类复杂零件特殊曲线和曲面轮廓的多工序加工，适用于多品种小批量加工。

②车削加工中心。它是在车床的基础上发展起来的，以车削为主，主体是数控车床，机床上配备有转塔式刀库或由换刀机械手和链式刀库组成的刀库。其数控系统多为2~3轴伺服控制，即X、Z、C轴，部分高性能车削中心配备有铣削动力头。

③钻削加工中心。钻削加工中心的加工以钻削为主，刀库形式以转塔头为多，适用于中小零件的钻孔、扩孔、铰孔、攻螺纹等多工序加工。

（2）按主轴特征分

①卧式加工中心。卧式加工中心是指主轴轴线水平设置的加工中心。它一般具有3~5个运动坐标，常见的是三个直线运动坐标加一个回转运动坐标（回转工作台），它能够在工件一次装夹后完成除安装面和顶面以外的其余四个面的镗、铣、钻、攻螺纹等加工，最适合加工箱体类工件。

与立式加工中心相比，卧式加工中心结构复杂、占地面积大、质量大、价格高。

②立式加工中心。立式加工中心主轴的轴线为垂直设置，其结构多为固定立柱式。工作台为十字滑台，适合加工盘类零件。一般具有三个直线运动坐标，并可在工作台上安置一个水平轴的数控转台来加工螺旋线类零件。立式加工中心的结构简单、占地面积小、价格低。立式加工中心配备各种附件后，可满足大部分工件的加工。

③立卧两用加工中心。某些加工中心具有立式和卧式加工中心的功能，工件一次装夹后能完成除安装面外所有侧面和顶面等五个面的加工，也称五面加工中心、万能加工中心或复合加工中心。

常见的五面加工中心有两种形式：一种是主轴可以旋转90°，既可以像立式加工中心那样工作，也可以像卧式加工中心那样工作；另一种是主轴不改方向，而工作台可以带着工件旋转90°，完成对工件五个表面的加工。

（三）计算机群控

计算机群控系统由一台计算机和一组数控机床组成，以满足各台机床共享数据的需要。它和计算机数控系统的区别是用一台较大型的计算机来代替专用的小型计算机，并按分时方式控制多台机床。计算机群控系统一般包括一台中心计算机、给各台数控机床传送零件加工程序的缓冲存储器以及数控机床等部分。

中心计算机要完成三项有关群控功能：①从缓冲存储器中取出数控指令；②将信息按照机床进行分类，然后去控制计算机和机床之间的双向信息流，使机床一旦需要数控指令便能立即予以满足，否则，在工件被加工表面上会留下明显的停刀痕迹，这种控制信息流的功能称为通道控制；③中心计算机还处理机床反馈信息，供管理信息系统使用。

1. 间接式群控系统

间接式群控系统又称纸带输入机旁路式系统，它是用数字通信传输线路将数控系统和群控计算机直接连接起来，并将纸带输入机取代掉（旁路）。

间接式群控系统系统只是取代了普通数控系统中纸带输入机这部分功能，数控装置硬件线路的功能仍然没有被计算机软件所取代，所有分析、逻辑和插补功能，还是由数控装置硬件线路来完成的。

2. 直接式群控系统

直接式群控（DNC）系统比间接式群控系统向前发展了一步，由计算机代替硬件数控装置的部分或全部功能。根据控制方式，又可分为单机控制式、串联式和柔性式三种基本类型。

在直接式群控系统中，几台乃至几十台数控机床或其他数控设备，接收从远程中心计算机（或计算机系统）的磁盘或磁带上检索出来的遥控指令，这些指令通过传输线以联机、实时、分时的方式送到机床控制器（MCU），实现对机床的控制。

直接群控系统的优点有：①加工系统可以扩大；②零件编程容易；③所有必需的数据信息可存储在外存储器内，可根据需要随时调用；④容易收集与生产量、生产时间、生产进度、成本和刀具使用寿命等有关的数据；⑤对操作人员技术水平的要求不高；⑥生产效率高，可按计划进行工作。这种系统投资较大，在经济效益方面应加以考虑。另外，中心计算机一旦发生故障，会使直接群控系统全部停机，这会造成重大损失。

第二节 机械制造自动化技术

机械制造系统自动化主要是指在机械制造业中应用自动化技术，实现加工对象的连续自动生产，实现优化有效的自动生产过程，加快生产投入物的加工变换和流动速度。机械制造系统自动化是当代先进制造技术的重要组成部分，是当前制造工程领域中涉及面比较广、研究比较活跃的技术，已成为制造业获取市场竞争优势的主要手段之一。

一、加工装备自动化

数控机床是一种高科技的机电一体化产品，是由数控装置、伺服驱动装置、机床主体和其他辅助装置构成的可编程的通用加工设备，它被广泛应用在加工制造业的各个领域。加工中心是更高级形式的数控机床，它除了具有一般数控机床的特点外，还具有自身的特点。

（一）数控机床的概念与组成

数字控制，简称数控（Numberical Control，NC）。数控技术是近代发展起来的一种用数字量及字符发出指令并实现自动控制的技术。采用数控技术的控制系统称为数控系统，装备了数控系统的机床就成为数字控制机床。

数字控制机床，简称数控机床（Numberical Conlrol Machine Tools），它是综合应用了计算机技术、微电子技术、自动控制技术、传感器技术、伺服驱动技术、机械设计与制造技术等多方面的新成果而发展起来的，采用数字化信息对机床运动及其加工过程进行自动控制的自动化机床。

数控机床改变了用行程挡块和行程开关控制运动部件位移量的程序控制机床的控制方式，不但以数字指令形式对机床进行程序控制和辅助功能控制，并对机床相关切削部件的位移量进行坐标控制。

与普通机床相比，数控机床不但具有适应性强、效率高、加工质量稳定和精度高的优点，而且易实现多坐标联动，能加工出普通机床难以加工的曲线和曲面。数控加工是实现多品种、中小批量生产自动化的最有效方式。

数控机床主要是由信息载体、数控装置、伺服系统、测量反馈系统和机床本体等组成。

1. 信息载体

信息载体又称控制介质，它是通过记载各种加工零件的全部信息（如每件加工的工艺过程、工艺参数和位移数据等）控制机床的运动，实现零件的机械加工。常用的信息载体有纸带、磁带和磁盘等。信息载体上记载的加工信息要经输入装置输送给数控装置。

2. 数控装置

数控装置是数控机床的核心，它由输入装置、控制器、运算器、输出装置等组成。其功能是接受输入装置输入的加工信息，经处理与计算，发出相应的脉冲信号送给伺服系统，通过伺服系统使机床按预定的轨迹运动。它包括微型计算机电路、各种接口电路、CRT 显示器、键盘等硬件以及相应的软件。

3. 伺服系统

伺服系统的作用是把来自数控装置的脉冲信号转换为机床移动部件的运动，使机床工作台精确定位或按预定的轨迹做严格的相对运动，最后加工出合格的零件。

伺服系统包括主轴驱动单元、进给驱动单元、主轴电动机和进给电动机等。一般来说，数控机床的伺服系统，要求有好的快速响应性能，以及能灵敏而准确地跟踪指令功能。现在常用的是直流伺服系统和交流伺服系统，而交流伺服系统正在取代直流伺服系统。

4. 测量反馈系统

测量元件将数控机床各坐标轴的位移指令值检测出来并经反馈系统输入到机床的数控装置中，数控装置对反馈回来的实际位移值与设定值进行比较，并向伺服系统输出达到设定值所需的位移量指令。

5. 机床本体

数控机床本体指的是数控机床机械结构实体。它与传统的普通机床相比较，同样由主传动机构、进给传动机构、工作台、床身以及立柱等部分组成，但数控机床的整体布局、外观造型、传动机构、刀系统及操作机构等方面都发生了很大的变化。这种变化的目的是满足数控技术的要求和充分发挥数控机床的特点。

机床主机是数控机床的主体。它包括床身、底座、立柱、横梁、滑座、工作台、主轴箱、进给机构、刀架及自动换刀装置等机械部件。它是在数控机床上自动完成各种切削加工的机械部分。

（二）数控机床的分类

按照工艺用途分，数控机床可以分为以下三类：

1. 一般数控机床

这类机床和普通机床一样，有数控车床、数控铣床、数控钻床、数控镗床、数控磨床等，每一类都有很多品种。例如，在数控磨床中，有数控平面磨床、数控外圆磨床、数控工具磨床等。这类机床的工艺可靠性与普通机床相似，不同的是它能加工形状复杂的零件。这类机床的控制轴数一般不超过三个。

2. 多坐标数控机床

有些形状复杂的零件用三坐标的数控机床还是无法加工，如螺旋桨、飞机曲面零件的加工等，此时需要三个以上坐标的合成运动才能加工出所需的形状，为此出现了多坐标数控机床。多坐标数控机床的特点是数控装置控制轴的坐标数较多，机床结构也比较复杂。

3. 加工中心机床

数控加工中心是在一般数控机床的基础上发展起来的，装备有可容纳几把到几百把刀具的刀库和自动换刀装置。一般加工中心还装有可移动的工作台,用来自动装卸工件。工件经一次装夹后,加工中心便能自动地完成诸如铣削、钻削、攻螺纹、镗削、铰孔等工序。

(三)数控机床的加工过程

数控加工工艺是随着数控机床的产生、发展而逐步建立起来的一种应用技术,是通过大量数控加工实践的经验总结,是数控机床加工零件过程中所使用的各种技术、方法的总和。

数控加工工艺设计是对工件进行数控加工的前期工艺准备工作。无论手工编程还是自动编程,在编程前都要对所加工的工件进行工艺分析、拟定工艺路线、设计加工工序等工作。因此,合理的工艺设计方案是编制数控加工程序的依据。编程人员必须首先做好工艺设计工作,然后再考虑编程。

数控机床加工的整个过程是由数控加工程序控制的,因此其整个加工过程是自动的。加工的工艺过程、走刀路线、切削用量等工艺参数应正确地编写在加工程序中。

因此,数控加工就是根据零件图及工艺要求等原始条件编制零件数控加工程序,输入机床数控系统,控制数控机床中刀具与工件的相对运动及各种所需的操作动作,从而完成零件的加工。

(四)数控加工工艺的特点

由于数控机床本身自动化程度较高,设备费用较高,设备功能较强,使数控加工相应形成了以下几个特点:

1. 数控加工的工艺要求精确严密

数控加工不像普通机床加工时可以根据加工过程中出现的问题由操作者自由地进行调整。所以在数控加工的工艺设计中必须注意加工过程中的每一个细节,做到万无一失。尤其是在对图形进行数学处理、计算和编程时,一定要准确无误。

2. 数控加工工序相对集中

一般来说,在普通机床上加工是根据机床的种类进行单工序加工。而在数控机床上加工往往是在工件的一次装夹中完成工件的钻、扩、铰、铣、镗、攻螺纹等多工序的加工,有些情况下,在一台加工中心上甚至可以完成工件的全部加工内容。

3. 数控加工工艺的特殊要求

由于数控机床的功率较大,刚度较高,数控刀具性能好,因此在相同情况下,加工所用的切削用量较普通机床大,提高了加工效率。另外,数控加工工序相对集中,工艺复合化，使得数控加工的工序内容要求高，复杂程度高。数控加工过程是自动化进行，故还应特别注意避免刀具与夹具、工件的碰撞及干涉。

二、物料供输自动化

在机械制造中，材料的搬运、机床上下料和整机的装配等是薄弱环节，这些工作的费用占全部加工费用的三分之一以上，所费的时间占全部加工时间的三分之二以上，而且多数事故发生在这些操作中。如果实现物流自动化，既可提高物流效率，又能使工人从繁重而重复单调的工作中解放出来。

机械制造中的物料操作和运储系统主要完成工件、刀具、托盘、夹具等的存取、上下、输送、转位、寄存、识别等功能的管理和控制，以及切削液和切屑的处置等。

（一）刚性自动化物料储运系统

1. 概述

刚性自动化的物料储运系统由自动供料装置、装卸站、工件传送系统和机床工件交换装置等部分组成。按原材料或毛坯形式的不同，自动供料装置一般可分为卷料供料装置、棒料供料装置和件料供料装置三大类。前两类自动供料装置多属于冲压机床和专用自动机床的专用部件。件料自动供料装置一般可以分为料仓式供料装置和料斗式供料装置两种形式。装卸站是不同自动化生产线之间的桥梁和接口，用于实现自动化生产线上物料的输入和输出功能。工件传送系统用于实现自动线内部不同工位之间或不同工位与装卸站之间工件的传输与交换功能，其基本形式有链式输送系统、辊式输送系统、带式输送系统。机床工件交换装置主要指各种上下料机械手及机床自动供料装置，其作用是将输料道来的工件通过上料机械手安装于加工设备上，加工完毕后，通过下料机械手取下，放置在输料槽上输送到下一个工位。

2. 自动供料装置

自动供料装置一般由储料器、输料槽、定向定位装置和上料器组成。储料器储存一定数量的工件，根据加工设备的需求自动输出工件，经输料槽和定向定位装置传送到指定位置，再由上料器将工件送入机床加工位置。储料器一般设计成料仓式或料斗式。料仓式储料器需人工将工件按一定方向摆放在仓内；料斗式储料器只须将工件倒入料斗，由料斗自动完成定向。料仓或料斗一般储存小型工件，较大的工件可采用机械手或机器人来完成供料过程。

（1）料仓

料仓的作用是储存工件。根据工件的形状特征、储存量的大小以及与上料机构的配合方式的不同，料仓具有不同的结构形式。由于工件的重量和形状尺寸变化较大，料仓结构设计没有固定模式，一般把料仓分成自重式和外力作用式两种结构。

（2）拱形消除机构

拱形消除机构一般采用仓壁振动器。仓壁振动器使仓壁产生局部、高频微振动，破坏工件间的摩擦力和工件与仓壁间的摩擦力，从而保证工件连续地由料仓中排出。振动器振动频率一般为 1000~3000 次/分。当料仓中物料搭拱处的仓壁振幅达到 0.3 mm 时，即可达到破拱效果。在料仓中安装搅拌器也可消除拱形堵塞。

（3）料斗装置和自动定向方法

料斗上料装置带有定向机构，工件在料斗中自动完成定向。但并不是所有工件在送出料斗之前都能完成定向。没有定向的工件在料斗出门处被分离，返回料斗重新定向，或由二次定向机构再次定向。因此料斗的供料率会发生变化，为了保证正常生产，应使料斗的平均供料率大于机床的生产率。

（4）输料槽

根据工件的输送方式（靠自重或强制输送）和工件的形状，输料槽有许多形式，见表5-1。

表 5-1　输料槽主要类型

名称		特点	使用范围
自流式输料槽	料道式输料槽	输料槽安装倾角大于摩擦角，工件靠自重输送自流	轴类、盘类、环类工件
	轨道式输料槽	输料槽安装倾角大于摩擦角，工件靠自重输送	带肩杆状工件
	蛇形输料槽	工件靠自重输送，输料槽落差大时可起缓冲作用	轴类、盘类、球类工件
半流式输料槽	抖动式输料槽	输料槽安装倾角小于摩擦角，工件靠输料槽做横向抖动输送	轴类、盘类、板类工件
	双辊式输料槽	辊子倾角小于摩擦角，辊子转动，工件滑动输送	板类、带肩杆状、锥形滚柱等工件
强制运动式输料槽	螺旋管式输料槽	利用管壁螺旋槽送料	球形工件
	摩擦轮式输料槽	利用纤维质辊子转动推动工件移动	轴类、盘类、环类工件

一般靠工件自重输送的自流式输料槽结构简单，但可靠性较差；半自流式或强制运动式输料槽可靠性高。

（二）自动线输送系统

在生产过程中，工件及原材料等搬运费用和搬运时间占有相当大的比例，搬运过程中工人的劳动量消耗大，且容易出现生产事故。自动化生产线和自动加工机床上利用自动输料装置，按生产节拍将被加工工件从一个工位自动传送到下一个工位，从一台设备输送给下一台设备，由此把自动线的各台设备连接成为一个整体。

自动化的物料输送系统是物流系统的重要组成部分。在制造系统中，自动线的输送系统起着人与工位、工位与工位、加工与存储、加工与装配之间的衔接作用，同时具备物料的暂存和缓冲功能。运用自动线的输送系统，可以加快物料流动速度，使各工序之间的衔接更加紧密，从而提高生产效率。

1．重力输送系统

重力输送有滚动输送和滑动输送两种，重力输送装置一般需要配有工件提升机构。

（1）滚动输送

利用提升机构或机械手将工件提到一定高度，让其在倾斜的输料槽中依靠其自重滚动而实现自动输送的方法多用于传送中小型回转体工件，如盘、环、齿轮坯、销及短轴等。

利用滚动式输料槽时要注意工件形状特性的影响，工件长度 L 与直径 D 之比与输料槽宽度的关系是一个重要因素。由于工件与料槽之间存在间隙，故可能因摩擦阻力的变化或工件存在一定锥度误差而滚偏一个角度，当工件对角线长度接近或小于槽宽时，工件可能被卡住或完全失去定向作用；工件与料槽间隙也不能太小，否则由于料槽结构不良和制造误差会使局部尺寸小于工件长度，也会产生卡料现象。允许的间隙与工件的长径比和工件与料槽壁面的摩擦系数有关，随着工件长径比增加，允许的最大间隙值减小。一般当工件长径比大于 3.5~4 时，以自重滚送的可靠性就很差。

输料槽侧板愈高，输送中产生的阻力愈大。但侧板也不能过低，否则若工件在较长的输料槽中以较大的加速度滚到终点，碰撞前面的工件时，可能跳出槽外或产生歪斜而卡住后面的工件。一般推荐侧板高度为 0.5~1 倍工件直径。当用整条长板做侧壁时，应开出长窗口，以便观察工件的运送情况。

输料槽的倾斜角过小，容易出现工件停滞现象。反之，倾斜角过大时工件滚送的末速度很大，易产生冲击、歪斜及跳出槽外等不良后果，同时要求输料前提升高度增大，浪费能源。倾斜角度的大小取决于料槽支承板的质量和工件表面质量，在 5°~15° 选取，当料槽和工件表面光滑时取小值。

对于外形较复杂的长轴类工件（如曲轴、凸轮轴、阶梯轴等）、外圆柱面上有齿纹的工件（齿轮、花键轴等）及外表面已精加工过的工件，为了提高滚动输料的平稳性及避免工件相互接触碰撞而造成歪斜、咬住及碰伤表面等不良现象，应增设缓冲隔料块将工件逐个隔开。当前面一个工件压在扇形缓冲块的小端时，扇形大端向上翘起而挡住后一个工件。

（2）滑动输送

利用提升机构或机械手将工件提到一定高度，让其在倾斜的输料槽中依靠其自重滑动而实现自动输送的方法多用于在工序间或上下料装置内部输送工件，并兼做料仓贮存已定向排列好的工件。滑道多用于输送回转体工件，也可以输送非回转体工件。按滑槽的结构形式可分为 V 形滑道、管形滑道、轨形滑道和箱形滑道四种。

滑动式料槽的摩擦阻力比滚动式料槽大，因此要求倾斜角较大，通常大于 25°。为了避免工件末速度过大产生冲击，可把滑道末段做得平缓些或采用缓冲减速器。

滑动式料槽的截面可以有多种不同形状，其滑动摩擦阻力各不相同。工件在 V 形滑槽中滑动，要比在平底槽滑动受到更大的摩擦阻力。V 形槽两壁之间夹角通常在 90°～120° 选取，重而大的工件取较大值，轻而小的工件取较小值。此夹角比较小时滑动摩擦阻力增大，对提高工件定向精度和输送稳定性有利。

双轨滑动式输料槽可以看成是 V 形输料槽的一种特殊形式。用双轨滑道输送带肩部的杆状工件时，为了使工件在输料过程中肩部不互相叠压而卡住，应尽可能增大工件在双轨支承点之间的距离 S。如采取增大双轨间距 B 的方法容易使工件挤在内壁上而难于滑动，所以应采取加厚导轨板、把导轨板削成内斜面和设置剔除器、加压板等方法。

2. 带式输送系统

带式输送系统是一种利用连续运动且具有挠性的输送带来输送物料的输送系统。

（1）输送带

根据输送的物料不同，输送带的材料可采用橡胶带、塑料带、绳芯带、钢网带等，而橡胶带按用途又可分为强力型、普通型、轻型、井巷型、耐热型五种。输送带两端可使用机械接头、冷黏结头和硫化接头连接。

（2）滚筒及驱动装置

滚筒分传动滚筒和改向滚筒两大类。传动滚筒与驱动装置相连，外表面可以是金属表面，也可包上橡胶层来增加摩擦因数。改向滚筒用来改变输送带的运动方向和增加输送带在传动滚筒上的包角。驱动装置主要由电动机联轴器、减速器和传动滚筒等组成。输送带通常在有负载下启动，应选择启动力矩大的电动机。

减速器一般采用涡轮减速器、行星摆线针轮减速器或圆柱齿轮减速器，将电动机、减速器、传动滚筒做成一体的称为电动滚筒。电动滚筒是一种专为输送带提供动力的部件。

电动滚筒主要用作固定式和移动式带式输送机的驱动装置，因电动机和减速机构内置于滚筒内，与传统的电动机、联轴器、减速机置于滚筒外的开式驱动装置相比，具有结构紧凑、运转平稳、噪声低、安装方便等优点，适合在粉尘及潮湿泥泞等各种环境下工作。

3. 链式输送系统

链式输送系统主要由链条、链轮、电机和减速器等组成，长距离输送的链式输送带也有张紧装置，还有链条支撑导轨。链式输送带除可以输送物料外，也有较大的储料能力。

输送链条比一般传动链条长而重，其链节为传动链节的 2 ~ 3 倍，以减少铰链数量，减轻链条重量。输送链条有套筒滚柱链、弯片链、叉形链、焊接链、可拆链、履带链、齿形链等多种结构形式，其中套筒滚柱链和履带链应用较多。

链轮的基本参数已经标准化，可按国标设计。链轮齿数对输送性能有较大影响，齿数太少会增加链轮运行中的冲击振动和噪声，加快链轮磨损；链轮齿数过多则会导致机构庞大。套筒滚柱链式输送系统一般在链条上配置托架或料斗、运载小车等附件，用于装载物料。

4. 辊子输送系统

辊子输送系统是利用辊子的转动来输送工件的输送系统，其结构比较简单。为保证工件在辊子上移动时的稳定性，输送的工件或托盘的底部必须有沿输送方向的连续支撑面。一般工件在支撑面方向至少应该跨过三个辊子的长度。辊子输送机在连续生产流水线中大量采用，它不仅可以连接生产工艺过程，而且可以直接参与生产工艺过程，因而在物流系统中，尤其在各种加工、装配、包装、储运、分配等流水生产线中得到广泛应用。

辊子输送机按其输送方式分为无动力式、动力式、积放式三类。无动力输送的辊子输送系统依靠工件的自重或人力推动使工件送进。动力辊子输送系统由驱动装置通过齿轮、链轮或带传动使辊子转动，可以严格控制物品的运行状态，按规定的速度、精度平稳可靠地输送物品，便于实现输送过程的自动控制。积放式辊子输送机除具有一般动力式辊子输送机的输送性能外，还允许在驱动装置照常运行的情况下物品在输送机上停止和积存，而运行阻力无明显增加。

辊子是辊子输送机直接承载和输送物品的基本部件，多由钢管制成，也可采用塑料制造。辊子按其形状分为圆柱形、圆锥形和轮形。

辊子输送机具有以下特点：结构简单，工作可靠，维护方便；布置灵活，容易分段与连接（可根据需要，由直线、圆弧、水平、倾斜等区段以及分支、合流等辅助装置，组成开式、闭式、平面、立体等各种形式的输送线路）；输送方式和功能多样（可对物品进行运送和积存，可在输送过程中升降、移动、翻转物品，可结合辅助装置实现物品在辊子输送机之间或辊子输送机与其他输送设备之间的转运）；便于和工艺设备衔接配套；物品输送平稳，停靠精确。

（三）柔性物流系统

柔性物流系统是由数控加工设备、物料运储装置和计算机控制系统等组成的自动化制造系统。它包括多个柔性制造单元，能根据制造任务或生产环境的变化迅速进行调整，适用于多品种、中小批量生产。

1. 托盘系统

工件在机床间传送时，除了工件本身外，还有随行夹具和托盘等。在装卸工位，工人从托盘上卸去已加工的工件，装上待加工的工件，由液压或电动推拉机构将托盘推回到回转工作台上。

回转工作台由单独电动机拖动，按顺时针方向做间歇回转运动，不断地将装有待加工工件的托盘送到加工中心工作台左端，由液压或电动推拉机构将其与加工中心工作台上托盘进行交换。装有已加工工件的托盘由回转工作台带同装卸工位，如此反复不断地进行工件的传送。

如果在加工中心工作台的两端各设置一个托盘系统，则一端的托盘系统用于接收前一台机床已加工工件的托盘，为本台机床上料，另一端的托盘系统用于为本台机床下料，并传送到下一台机床去。由多台机床可形成用托盘系统组成的较大生产系统。

对于结构形状比较复杂而缺少可靠运输基面的工件或质地较软的非铁金属工件，常将工件先定位、夹紧在随行夹具上，和随行夹具一起传送、定位和夹紧在机床上进行加工。工件加工完毕后与随行夹具一起被卸下机床，带到卸料工位，将加工完的工件从随行夹具上卸下，随行夹具返回到原始位置，以供循环使用。

2. 自动导向小车

自动导向小车（Automated Guide Vehicle，AGV）是一种由蓄电池驱动，装有非接触导向装置，在计算机的控制下自动完成运输任务的物料运载工具。ACV 是柔性物流系统中物料运输工具的发展趋势。

常见的 AGV 的运行轨迹是通过电磁感应制导的。由 AGV、小车控制装置和电池充电站组成 AGV 物料输送系统。

AGV 由埋在地面下的电缆传来的感应信号对小车的运行轨迹进行制导，功率电源和控制信号则通过有线电缆传到小车。由计算机控制，小车可以准确停在任一个装载台或卸载台进行物料的装卸。充电站是用来为小车上的蓄电池充电用的。

小车控制装置通过电缆与上一级计算机联网，它们之间传递的信息有以下几类：行走指令；装载和卸载指令；连锁信息；动作完毕回答信号；报警信息；等等。

AGV 一般由随行工作台交换、升降、行走、控制、电源和轨迹制导等六部分组成。

①随行工作台交换部分小车的上部有回转工作台，工作台的上面为滑台叉架，由计算机控制的进给电动机驱动，将夹持工件的随行工作台从小车送到机床上随行工作台交换器，或从机床随行工作台交换器拉回小车滑台叉架，实现随行工作台的交换。

②升降部分通过升降液压缸和齿轮齿条式水平保持机构实现滑台叉架的升降，对准机床上随行工作台交换器导轨。

③行走部分。

④控制部分。由计算机控制的直流调速电动机和传动齿轮箱驱动车轮，实现 AGV 的包括控制柜操作面板信息接收发送等部分组成，通过电缆与 ACV 的控制装置进行联系，控制 AGV 的启停、输送或接收随行工作台的操作。

⑤电源部分采用蓄电池作为电源，一次充电后可用 8 h。

⑥AGV 轨迹制导通常采用电磁感应，在 AGV 行走路线的地面下深 10~20 mm，宽 3~10 mm 的槽内敷设一条专用的制导电缆，通上低周波交变电，在其四周产生交变磁场。在小车前方装有两个感应接收天线，在行走过程中类似动物触角一样，接收制导电缆产生的交变磁场。

AGV 也可采用光学制导，在地面上用有色油漆或色带绘成路线图，装在 AGV 上的光源发出的光束照射地面，自地面反射回的光线作为路线识别信号，由 AGV 上的光敏器件接收，控制 ACV 沿绘制的路线行驶。这种制导方式改变路线非常容易，但只适用于非常洁净的场合，如实验室等。

三、加工刀具自动化

（一）自动化刀具

刀具自动化，就是加工设备在切削过程中自动完成选刀、换刀、对刀、走刀等工作过程。

自动化刀具的切削性能必须稳定可靠，具有高的耐用度和可靠性；刀具结构应保证其能快速或自动更换和调整，并配有工作状态在线检测与报警装置；应尽可能地采用标准化、系列化和通用化的刀具，以便于刀具的自动化管理。

自动化刀具通常分为标准刀具和专用刀具两大类。为了提高加工的适应性并兼顾设备刀库的容量，应尽量减少使用专用刀具，选用通用标准刀具、标准组合刀具或模块式刀具。

自动化加工设备必须配备标准辅具，建立标准的工具系统，使刀具的刀柄与接杆标准化、系列化和通用化，才能实现快速自动换刀。

自动化加工设备的辅具主要有镗铣类数控机床用工具系统（简称 TSG 系统）和车床类数控机床用工具系统（简称 BTS 系统）两大类，它们主要由刀具的柄部、接杆和夹头几部分组成。工具系统中规定了刀具与装夹工具的结构、尺寸系列及其连接形式。

（二）自动化刀库和刀具交换与运送装置

1. 刀库

20 世纪 60 年代末开始出现贮有各种类型刀具并具有自动换刀功能的刀库，使工件一次装夹就能自动顺序完成各个工序加工的数控机床（加工中心）。

刀库是自动换刀系统中最主要的装置之一，其功能是贮存各种加工工序所需的刀具，并按程序指令快速而准确地将刀库中的空刀位和待用刀具送到预定位置，以便接受主轴换下的刀具和便于刀具交换装置进行换刀。它的容量、布局以及具体结构对数控机床的总体布局和性能有很大影响。

2. 刀具交换与运送

能够自动地更换加工中所用刀具的装置称为自动换刀装置（Automatic Tool Changer, ATC）。常用的自动换刀装置有以下几种形式：

（1）回转刀架

回转刀架常用于数控车床，可安装在转塔头上用于夹持各种不同用途的刀具，通过转塔头的旋转分度来实现机床的自动换刀动作。

（2）主轴与刀库合为一体的自动换刀装置

由于刀库与主轴合为一体，机床结构较为简单，且由于省去刀具在刀库与主轴间的交换等一系列复杂的操作过程，从而缩短了换刀时间，提高了换刀的可靠性。

主轴与刀库分离的自动换刀装置。这种换刀装置由刀库、刀具交换装置及主轴组成，其独立的刀库可以存放几十至几百把刀具，能够适应复杂零件的多工序加工。由于只有一根主轴，因此全部刀具都应具有统一的标准刀柄。当需要某一刀具进行切削加工时，自动将其从刀库交换到主轴上，切削完毕后自动将用过的刀具从主轴取下放回刀库。刀库的安装位置可根据实际情况较为灵活地设置。

当刀库容量相当大，必须远离机床布置时，就要用到自动化小车、输送带等物料传输设备来实现刀具的自动输送。

（三）刀具的自动识别

自动换刀装置对刀具的识别通常采用刀具编码法或软件记忆法。

1. 刀具编码环及其识别

编码环是一种早期使用的刀具识别方法。在刀柄或刀座上装有若干个厚度相等、不同直径的编码环，如用大环表示二进制的"1"，小环表示"0"，则这些环的不同组合就可表示不同刀具，每把刀具都有自己的确定编码。在刀库附近装一个刀具读码识别装置，其上有一排与编码环——对应的触针式传感器。读码器的触头能与凸圆环面接触而不能与凹圆环面接触，所以能把凸凹几何状态转变成电路通断状态，即"读"出二进制的刀具码。当需要换刀时，刀库旋转，刀具识别装置不断地读出每一把经过刀具的编码，并送入控制系统与换刀指令中的编码进行比较，当二者一致时，控制系统便发出信号，使刀库停转，等待换刀。由于接触式刀具识别系统可靠性差，因磨损大而使用寿命短，因而逐渐被非接触式传感器和条形码刀具识别系统所取代。

2. 软件记忆法

其工作原理是将刀库上的每一个刀座进行编号，得到每一刀座的"地址"。将刀库中的每一把刀具再编一个刀具号，然后在控制系统内部建立一个刀具数据表，将原始状态刀具在刀库中的"地址"——填入，并不得再随意变动。刀库上装有检测装置，可以读出刀座的地址；取刀时，控制系统根据刀具号在刀具数据表中找出该刀具的地址，按优化原则转动刀库，当刀库上的检测装置读出的地址与取刀地址相一致时，刀具便停在换刀位置上，等待换刀；若欲将换下的刀具送回刀库，不必寻找刀具原位，只要按优化原则送到任一空位即可，控制系统将根据此时换刀位置的地址更新刀具数据表，并记住刀具在刀库中新的位置地址。这种换刀方式目前最为常用。

（四）快速调刀

在自动化生产中，为了实现刀具的快换，使刀具更换后不须对刀或试切就可获得合格的工件尺寸，进一步提高工作的稳定性和生产效率，往往需要解决"无调整快速换刀"和自动换刀问题，即将刀具连同刀夹在线外预先调好半径和长度尺寸，在机床更换刀具时不需要再调整，可大大减少换刀调刀时间。

采用机夹不重磨式硬质合金刀片、快换刀夹、快速调刀装置及计算机控制调刀仪，是解决"无调整快换刀具"问题的常用方法。

机夹不重磨刀片具有多个相同几何参数的刀刃，当一个刀刃磨损后，只须将刀片转过一定角度即可将一个新刃投入切削，不需要重新对刀。

快换刀夹通常属于数控机床的通用工具系统部件，其柄部、接杆和夹头等的规格尺寸已标准化并有很高的制造精度。刀具装夹于快换刀夹上并在线外预调好，加工中须换刀时连刀带刀夹一并快速更换。

柔性制造系统中为适应多品种工件加工的需要，所用刀具种类，规格很多，线外调刀采用计算机控制的调刀仪。一种方式是调刀仪通过条形码阅读器读取刀具上的条码而获得刀具信息，然后将刀具补偿数据传输给刀具管理计算机，计算机再将这些数据传输给机床，机床将实时数据再反馈给计算机。另一种方式是刀柄侧面或尾部装有直径 6~10 mm的集成块，机床和刀具预调仪上都配备有与计算机接口相连的数据读写装置，当某一刀具与读写装置位置相对应时，就可读出或写入与该刀具有关的数据，实现数据的传输。

此外，在加工机床上需要进行对刀，有时也需要调刀。电子对刀仪是由机床或其他外部电源通过电缆向对刀器供 5 V 直流电，经内部光电隔离，能在对刀时将产生的 SSR（开关量）或 OTC（高低电平）输出信号通过电缆输出至机床的数控系统，以便结合专用的控制程序实现自动对刀、自动设定或更新刀具的半径和长度补偿值，适用于加工中心和数控镗、铣床，也可以作为手动对刀器用于单件、小批量生产。

四、装配过程自动化

装配是整个生产系统的一个主要组成部分，也是机械制造过程的最后环节。相对于加工技术而言，装配技术落后许多年，装配工艺已成为现代生产的薄弱环节。因此，实现装配过程的自动化越来越成为现代工业生产中迫切需要解决的一个重要问题。

（一）装配自动化在现代制造业中的重要性

装配自动化（Assembly Automation）是实现生产过程综合自动化的重要组成部分，其意义在于提高生产效率、降低成本、保证产品质量，特别是减轻或取代特殊条件下的人工装配劳动。

装配是一项复杂的生产过程。人工操作已经不能与当前的社会经济条件相适应，因为人工操作既不能保证工作的一致性和稳定性，又不具备准确判断、灵巧操作，并赋以较大作用力的特性。同人工装配相比，自动化装配具备如下优点：

①装配效率高，产品生产成本下降。尤其是在当前机械加工自动化程度不断得到提高的情况下，装配效率的提高对产品生产效率的提高具有更加重要的意义。

②自动装配过程一般在流水线上进行，采用各种机械化装置来完成劳动量最大和最繁重的工作，大大降低了工人的劳动强度。

③不会因工人疲劳、疏忽、情绪、技术不熟练等因素的影响而造成产品质量缺陷或不稳定。

④自动化装配所占用的生产面积比手工装配完成同样生产任务的工作面积要小得多。

⑤在电子、化学、宇航、国防等行业中，许多装配操作需要特殊环境，人类难以进入或非常危险，只有自动化装配才能保障生产安全。

（二）自动装配工艺过程分析和设计

1. 自动装配工艺设计的一般要求

自动装配工艺比人工装配工艺设计要复杂得多，通过手工装配很容易完成的工作，有时采用自动装配却要设计复杂的机构与控制系统。因此，为使自动装配工艺设计先进可靠，经济合理，在设计中应注意如下几个问题：

（1）自动装配工艺的节拍

自动装配设备中，多工位刚性传送系统多采用同步方式，故有多个装配工位同时进行装配作业。为使各工位工作协调，并提高装配工位和生产场地的效率，必然要求各工位装配工作节拍同步。

装配工序应力求可分，对装配工作周期较长的工序，可同时占用相邻的几个装配工位，使装配工作在相邻的几个装配工位上逐渐完成来平衡各个装配工位上的工作时间，使各个装配工位的工作节拍相等。

（2）除正常传送外宜避免或减少装配基础件的位置变动

自动装配过程是将装配件按规定顺序和方向装到装配基础件上。通常，装配基础件需要在传送装置上自动传送，并要求在每个装配工位上准确定位。

因此，在自动装配过程中，应尽量减少装配基础件的位置变动，如翻身、转位、升降等动作，以避免重新定位。

（3）合理选择装配基准面

装配基准面通常是精加工面或是面积大的配合面，同时应考虑装配夹具所必需的装夹面和导向面。只有合理选择装配基准面，才能保证装配定位精度。

（4）易缠绕零件的定量隔料

装配件中的螺旋弹簧、纸箱垫片等都是容易缠绕粘连的，其中尤以小尺寸螺旋弹簧更易缠绕，其定量隔料的主要方法有以下两种：

①采用弹射器将绕簧机和装配线衔接。其具体特征为：经上料装置将弹簧排列在斜槽上，再用弹射器一个一个地弹射出来，将绕簧机与装配线衔接，由绕簧机统制出一个，即直接传送至装配线，避免弹簧相互接触而缠绕。

②改进弹簧结构。具体做法是在螺旋弹簧的两端各加两圈紧密相接的簧圈来防止它们在纵向相互缠绕。

2. 自动装配工艺设计

（1）产品分析和装配阶段的划分

装配工艺的难度与产品的复杂性成正比，因此设计装配工艺前，应认真分析产品的装配图和零件图。零部件数目大的产品则须通过若干装配操作程序完成，在设计装配工艺时，整个装配工艺过程必须按适当的部件形式划分为几个装配阶段进行，部件的一个装配单元形式完成装配后，必须经过检验，合格后再以单个部件与其他部件继续装配。

（2）基础件的选择

装配的第一步是基础件的准备。基础件是整个装配过程中的第一个零件。往往是先把基础件固定在一个托盘或一个夹具上，使其在装配机上有一个确定的位置。这里基础件是在装配过程只须在其上面继续安置其他零部件的基础零件（往往是底盘、底座或箱体类零件），基础件的选择对装配过程有重要影响。在回转式传送装置或直线式传送装置的自动化装配系统中，也可以把随行夹具看成基础件。

（三）自动装配的部件

1. 运动部件

装配工作中的运动包括三方面物体的运动。

①基础件、配合件和连接件的运动。

②装配工具的运动。

③完成的部件和产品的运动。

运动是坐标系中的一个点或一个物体与时间相关的位置变化（包括位置和方向），输送或连接运动可以基本上划分为直线运动和旋转运动。因此，每一个运动都可以分解为直线单位或旋转单位，它们作为功能载体被用来描述配合件运动的位置和方向以及连接过程。按照连接操作的复杂程度，连接运动常被分解成三个坐标轴方向的运动。

重要的是配合件与基础件在同一坐标轴方向运动，具体由配合件还是由基础件实现这一运动并不重要。工具相对于工件运动，这一运动可以由工作台执行，也可以由一个模板带着配合件完成，还可以由工具或工具、工件双方共同来执行。

2. 定位机构

由于各种技术方面的原因（惯性、摩擦力、质量改变、轴承的润滑状态），运动的物体不能精确地停止。在装配中最经常遇到的是工件托盘和回转工作台，这两者都需要一种特殊的止动机构，以保证其停止在精确的位置。

装配对定位机构的要求非常高，它必须能承受很大的力量，还必须能精确地工作。

（四）自动装配机械

随着自动化的向前发展，装配工作（包括至今为止仍然靠手工完成的工作）可以利用机器来实现，产生了一种自动化的装配机械，即实现了装配自动化。自动装配机械按类型分，可分为单工位装配机与多工位装配机两种。

1. 单工位自动装配机

单工位装配机是指这样的装配机：它只有单一的工位，没有传送工具的介入，只有一种或几种装配操作。这种装配机的应用多限于只由几个零件组成而且不要求有复杂的装配动作的简单部件。

单工位装配机在一个工位上执行一种或几种操作，没有基础件的传送，比较适合于在基础件的上方定位并进行装配操作。其优点是结构简单，可以装配最多由六个零件组成的部件。通常适用于两到三个零部件的装配，装配操作必须按顺序进行。

2. 多工位自动装配机

对三个零件以上的产品通常用多工位装配机进行装配，装配操作由各个工位分别承担。多工位装配机需要设置工件传送系统，传送系统一般有回转式或直进式两种。

工位的多少由操作的数目来决定，如进料、装配、加工、试验、调整、堆放等。传送设备的规模和范围由各个工位布置的多种可能性决定。各个工位之间有适当的自由空间，使得一旦发生故障，可以方便地采取补偿措施。

一般螺钉拧入、冲压、成型加工、焊接等操作的工位与传送设备之间的空间布置小于零件送料设备与传送设备之间的布置。

装配机的工位数多少基本上已决定了设备的利用率和效率。装配机的设计又常常受工件传送装置的具体设计要求制约。这两条规律是设计自动装配机的主要依据。

检测工位布置在各种操作工位之后，可以立即检查前面操作过程的执行情况，并能引入辅助操作措施。

3. 工位间传送方式

装配基础件在工位间的传送方式有连续传送和间歇传送两类。

连续传送中，工件连续恒速传送，装配作业与传送过程重合，故生产速度高，节奏性强，但不便于采用固定式装配机械，装配时工作头和工件之间相对定位有一定困难。

间歇传送中，装配基础件由传送装置按节拍时间进行传送，装配对象停在装配工位上进行装配，作业一完成即传送至下一工位，便于采用固定式装配机械，避免装配作业受传送平稳性的影响。按节拍时间特征，间歇传送方式又可以分为同步传送和非同步传送两种。

同步传送方式的工作节拍是最长的工序时间与工位间传送时间之和，工序时间较短的其他工位上存在一定的等工浪费，并且一个工位发生故障时，全线都会受到停车影响。为此，可采用非同步传送方式。

非同步传送方式不但允许各工位速度有所波动，而且可以把不同节拍的工序组织在一个装配线中，使平均装配速度趋于提高，适用于操作比较复杂而又包括手工工位的装配线。

五、检测过程自动化

在自动化制造系统中，由于从工件的加工过程到工件在加工系统中的运输和存贮都是以自动化的方式进行的，因此为了保证产品的加工质量和系统的正常运行，需要对加工过程和系统运行状态进行检测与监控。

加工过程中产品质量的自动检测与监控的主要任务在于预防产生废品、减少辅助时间、加速加工过程、提高机床的使用效率和劳动生产率。它不仅可以直接检测加工对象本身，也可以通过检验生产工具、机床和生产过程中某些参数的变化来间接检测和控制产品的加工质量，还能根据检测结果主动地控制机床的加工过程，使之适应加工条件的变化，防止废品产生。

（一）检测自动化的目的和意义

自动化检测不仅用于被加工零件的质量检查和质量控制，还能自动监控工艺过程，以确保设备的正常运行。

随着计算机应用技术的发展，自动化检测的范畴已从单纯对被加工零件几何参数的检测，扩展到对整个生产过程的质量控制，从对工艺过程的监控扩展到实现最佳条件的适应控制生产。因此，自动化检测不仅是质量管理系统的技术基础，也是自动化加工系统不可缺少的组成部分。在先进制造技术中，它还可以更好地为产品质量体系提供技术支持。

值得注意的是，尽管已有众多自动化程度较高的自动检测方式可供选择，但并不意味着任何情况都一定要采用。重要的是根据实际需要，以质量、效率、成本的最优结合来考虑是否采用和采用何种自动检测手段，从而取得最好的技术经济效益。

（二）工件的自动识别

工件的自动识别是指快速地获取加工时的工件形状和状态，便于计算机检测工件，及时了解加工过程中工件的状态，以保证产品加工的质量。工件的自动识别可分为工件形状的自动识别和工件姿态与位置的自动识别。

对于前者的检测与识别有许多种方法，目前典型的并有发展前景的是用工业摄像机的形状识别系统。该系统由图像处理器、电视摄像机、监控电视机、一套计算机控制系统组成。其工作原理是把待测的标准零件的二值化图像存储在检查模式存储器中，利用图像处理器和模式识别技术，通过比较两者的特征点进行工件形状的自动识别。对于后者，如果能进行工件姿态和位置识别将对系统正常运行和提高产品质量带来好处。如在物流系统自动供料的过程中，零件的姿态表示其在送料轨道上运行时所具有的状态。由于零件都具有固定形状和一定尺寸，在输送过程中可视之为刚体。要使零件的位置和姿态完全确定，需要确定其 6 个自由度。当零件定位时，只要通过对其上的某些特征要素，如孔、凸台或凹槽等所处的位置进行识别，就能判断该零件在输送过程中的姿态是否准确。由于零件在输送过程中的位置和姿态是动态的，因此必须对其进行实时识别。而要实现该要求，必须满足不间断输送零件、合理地选择瞬时定位点、可靠地设置光点位置这三个技术条件。

利用光敏元件与光点的适当位置进行工件姿态的判别是目前应用比较普遍的识别方法。这种检测方法是以零件的瞬时定位原理为基础的。瞬时定位点是指在零件输送的过程中，用以确定零件瞬时位置和姿态的特征识别点。识别瞬时定位点的光敏元件可以嵌置在供料器输料轨道的背面，利用在轨道上适当地方开设的槽或孔使光源照射进来。当不同姿态的零件通过该区域时，各个零件的瞬时定位点受光状态会有所不同。在对零件输送过程中的姿态进行识别时，主要根据是零件瞬时定位点的受光状态。受光状态和不受光状态分别用二进制码 0 和 1 来表示。

（三）工件加工尺寸的自动检测

机械加工的目的在于加工出具有规定品质（要求的尺寸、形状和表面粗糙度等）的零件，如果同时要求加工质量和机床运转的效率，必然要在加工中测量工件的质量，把工件从机床上卸下来，送到检查站测量，这样往往难以保证质量，而且生产效率较低。因此实施在工件安装状态下进行测量，即在线测量是十分必要的。为了稳定地加工出符合规定要求的尺寸、形状，在提高机床刚度、热稳定性的同时，还必须采用适应性控制。在适应性控制里，如果输入信号不满足要求，无论装备多么好的控制电路，也不能充分发挥其性能，因此对于适应控制加工来说，实时在线检测是必不可少的重要环节。此外，在数控机床上，一般是事先定好刀具的位置，控制其运动轨迹进行加工；而在磨削加工中砂轮经常进行修整，即砂轮直径在不断变化，因此，数控磨床一般都具有实时监测工件尺寸的功能。

1. 长度尺寸测量

长度测量用的量仪按测量原理可分为机械式量仪、光学量仪、气动量仪和电动量仪四大类，而适于大中批量生产现场测量的，主要有气动量仪和电动量仪两大类。

（1）气动量仪

气动量仪将被测量的微小位移量转变成气流的压力、流量或流速的变化，然后通过测量这种气流的压力或流量变化，用指示装置指示出来，作为量仪的示值或信号。

气动量仪容易获得较高的放大倍率（通常可达 2000~10 000），测量精度和灵敏度均很高，各种指示表能清晰显示被测对象的微小尺寸变化；操作方便，可实现非接触测量；测量器件结构容易实现小型化，使用灵活；气动量仪对周围环境的抗干扰能力强，广泛应用于加工过程中的自动测量。但对气源的要求高，响应速度略慢。

（2）电动量仪

电动量仪一般由指示放大部分和传感器组成，电动量仪的传感器大多应用各种类型的电感和互感传感器及电容传感器。

①电动量仪的原理。电动量仪一般由传感器、测量处理电路及显示与执行部分所组成。由传感器将工件尺寸信号转化成电压信号，该电压信号经后续处理电路进行整流滤波后，将处理后的电压信号送 LCD 或 LED 显示装置显示，并将该信号送执行器执行相关动作。

②电动量仪的应用。各种电动量仪广泛应用于生产现场和实验室的精密测量工作。特别是将各个传感器与各种判别电路、显示装置等组成的组合式测量装置，更是广泛应用于

工件的多参数测量。

用电动量仪做各种长度测量时，可应用单传感器测量或双传感器测量。

用单传感器测量传动装置测量尺寸的优点是只用一个传感器，节省费用；缺点是由于支撑端的磨损或工件自身的形状误差，有时会导入测量误差，影响测量精度。

2. 形状精度测量

用于形位误差测量的气动量仪在指示转换部位与用于测量长度尺寸的量仪大致是相同的，只是所采用的测头不同。用电动量仪进行形位误差测量时，与测量尺寸值不一样，往往需要测出误差的最大值和最小值的代数差（峰-峰值），或测出误差的最大值和最小值的代数和的一半（平均值），才能决定被测工件的误差。为此，可用单传感器配合峰值电感测微仪去测量，也可应用双传感器通过"和差演算"法测量。

3. 加工过程中的主动测量装置

加工过程中的主动测量装置一般作为辅助装置安装在机床上。在加工过程中，不需要停机测量工件尺寸，而是依靠自动检测装置，在加工的同时自动测量工件尺寸的变化，并根据测量结果发出相应的信号，控制机床的加工过程。

主动测量装置可分为直接测量和间接测量两类。

（1）直接测量装置

直接测量装置根据被测表面的不同，可分为检验外圆、孔、平面和检验断续表面等装置。测量平面的装置多用于控制工件的厚度或高度尺寸，大多为单触点测量，其结构比较简单。其余几类装置，由于工件被测表面的形状特性及机床工作特点不同，因而各具有一定的特殊性。

（2）主动测量装置的主要技术要求

①测量装置的杠杆传动比不宜太大，测量链不宜过长，以保证必要的测量精度和稳定性。对于两点式测量装置，其上下两测端的灵敏度必须相等。

②工作时，测端应不脱离工件。因测端有附加测力，若测力太大，则会降低测量精度和划伤工件表面；反之，则会导致测量不稳定。当确定测力时，应考虑测量装置各部分质量、测端的自振频率和加工条件，例如机床加工时产生的振动、切削液流量等。一般两点式测量装置测力选取在 0.8~2.5 N，三点式测量装置测力选取在 1.5~4 N，三点式测量装置测力选取在 1.5~4 N。

③测端材料应十分耐磨，可采用金刚石、红宝石、硬质合金等。

④测量和测端体应用不导磁的不锈钢制作，外壳体用硬铝制造。

⑤测量装置应有良好的密封性。无论是测量臂和机壳之间，传感器和引出导线之间，

还是传感器测杆与套筒之间，均应有密封装置，以防止切削液进入。

⑥传感器的电缆线应柔软，并有屏蔽，其外皮应是防油橡胶。

⑦测量装置的结构设计应便于调整，推进液压缸应有足够的行程。

（四）刀具磨损和破损的检测与监控

刀具的磨损和破损，与自动化加工过程的尺寸加工精度和系统的安全可靠性具有直接关系。因此，在自动化制造系统中，必须设置刀具磨损、破损的检测与监控装置，用以防止可能发生的工件成批报废和设备事故。

1. 刀具磨损的检测与监控

（1）刀具磨损的直接检测与补偿

在加工中心或柔性制造系统中，加工零件的批量不大，且常为混流加工。为了保证各加工表面应具有的尺寸精度，较好的方法是直接检测刀具的磨损量，并通过控制系统和补偿机构对相应的尺寸误差进行补偿。

刀具磨损量的直接测量，对于切削刀具，可以测量刀具的后刀面、前刀面或刀刃的磨损量；对于磨削，可以测量砂轮半径磨损量；对于电火花加工，可以测量电极的耗蚀量。

（2）刀具磨损的间接测量和监控

在大多数切削加工过程中，刀具的磨损区往往被工件、其他刀具或切屑所遮盖，很难直接测量刀具的磨损值，因此多采用间接测量方式。除工件尺寸外，还可以将切削力或力矩、切削温度、振动参数、噪声和加工表面粗糙度等作为衡量刀具磨损程度的判据。

2. 刀具破损的监控方法

（1）探针式监控

这种方法多用来测量孔的加工深度，同时间接地检查出孔加工刀具（钻头）的完整性，尤其是对于在加工中容易折断的刀具，如直径 10~12 mm 以内的钻头。这种检测方法结构简单，使用很广泛。

（2）光电式监控

采用光电式监控装置可以直接检查钻头是否完整或折断。

这种方法属非接触式检测，一个光敏元件只可检查一把刀具，在主轴密集、刀具集中时不好布置，信号必须经放大，控制系统较复杂，还容易受切屑干扰。

（3）气动式监控

这种监控方式的工作原理和布置与光电式监控装置相似。钻头返回原位后，气阀接通，气流从喷嘴射向钻头，当钻头折断时，气流就冲向气动压力开关，发出刀具折断信号。这种方法的优缺点及适用范围与光电式监控装置相同，但同时还有清理切屑的作用。

（4）声发射式监控

用声发射法来识别刀具破损的精度和可靠性已成为目前很有前途的一种刀具破损监控方法。声发射（Acoustic Emission，AE）是固体材料受外力或内力作用而产生变形、破裂或相位改变时以弹性应力波的形式释放能量的一种现象。刀具损坏时，将产生高频、大幅度的声发射信号，它可用压电晶体等传感器检测出来。由于声发射的灵敏度高，因此能够进行小直径钻头破损的在线检测。

第三节 工业与电力系统自动化

一、机械制造自动化

机械制造自动化主要包括以下各个方面：金属切削机床的控制、焊接过程的控制、冲压过程的控制和热处理过程的控制等。过去机械加工都是由手工操作或由继电器控制的，随着自动控制技术和计算机的应用，慢速传统的操作方式已经逐渐被计算机控制的自动化生产方式所取代。下面介绍机械制造自动化的一些主要方面：

（一）金属切削过程的自动控制

金属切削机床包括常用的车床、铣床、刨床、磨床和钻床等，过去都是人工手动操作的，但是手工操作无法达到很高的精度。随着自动化技术和计算机的应用，为了提高加工精度和成品率，人们研制出了数控机床，这是自动化技术在机械制造领域的最典型应用。根据电弧熔化材料的原理，电熔磨削数控机床是专门用于加工有色金属，以及其他超黏、超硬、超脆和热敏感性高的特殊材料的一种机床。它解决了一些采用传统的车、铣、刨等加工方法不能满足加工要求的问题，是一种新型复合多用途磨削机床。由于机床在电熔放电加工时，电流非常大，以致达到数百、数千安培，所产生的电磁波辐射会严重地干扰控制系统。因此，机床中采用了抗干扰系列的可编程控制器PLC作为机床的控制核心，以保证电熔磨削数控机床能够正常工作，达到有关国家标准。机床运动控制系统主要由以下这几部分组成：

1. 放电盘驱动轴的控制

机床在电熔放电加工过程中，工件是卡在头架上以某一速度转动的，放电盘与工件是处于非接触状态，而且两者间需要保持一定线速度的相对运动，才能保证加工过程正常进行。因此，放电盘驱动电机的转速可以随工件头架驱动电机转速的变化来变化，这个控制是由可编程控制器 PLC 来完成的。根据旋转编码器测量到的头架电机的速度信号，PLC 来调整变频器的输出驱动频率，从而保证了驱动放电盘的变额电机能以要求的速度平稳运行。

2. 头架电机转速的控制

为了保证工件的加工精度，工件在转动时，它的加工点需要保持恒定的线速度。因此，头架驱动电机的转速是根据被加工工件的直径由 PLC 系统自动控制的。驱动信号是由 PLC 发出的，经过 D/A 转换到变频器，最后到达了驱动头架的变频电机。

3. 工作台运动控制

工作台的纵向运动（Y 轴）由直流伺服电动机驱动。系统要求其移动速度最快能达到每分钟 4 m。

由于机床采用了计算机数字控制，方便了加工工件的参数设定，提高了机床运行的安全系数，保证了设备应用的可靠性，使生产安全、稳定和可靠。总的说来，数控机床性能稳定、质量可靠、功能完善，具有较高的性能价格比，在市场中具备强有力的竞争能力。

（二）焊接和冲压过程的自动控制

焊接自动化主要是由自动化焊机，也就是机器人配合焊缝跟踪系统来实现的，这可以大幅度地提高焊接生产率、减少废料和返修工作量。为了最大限度地发挥自动焊机的功能，通常需要自动焊缝跟踪系统。典型的焊缝跟踪系统原来是通过电弧传感的机械探针方式工作的，这种类型的跟踪系统需要手工输入信息，操作者不能离开。机械探针式系统对于焊接薄板、紧密对接焊缝和点固焊缝时，无能为力。此外，探针还容易损坏导致废料或者返修。新一代的产品是激光焊缝跟踪系统，它是在成熟的激光视觉技术的基础上，应用于全自动焊接过程中高水平、低成本的传感方式。它将易用性和高性能结合在一起，形成了全自动化的焊接过程。激光传感器也能在强电磁干扰等恶劣的工厂环境中使用。由激光焊缝跟踪和视觉产品配合的焊接自动化系统，已经在航天、航空、汽车、造船、电站、压力容器、管道、螺旋焊管、铁路车辆、矿山机械以及兵器工业等行业都得到了广泛的应用。

（三）热处理过程的自动控制

近年随着自动控制技术的发展，计算机数字界面的功能、可靠性和性价比不断提高，在工业控制各个环节的应用都得到了很大的发展。传统的工业热处理炉制造厂家，在工业热处理炉的电气控制上，大多还是停留在采用过去比较陈旧的控制方式；在配置上，如"温度控制表+交流接触器+纸式记录仪+开关按钮"这样的控制方式自动化程度低、控制精度低、生产过程的监控少、工业热处理炉本身的档次低。但是，由计算机数字控制的热处理炉系统，使工业热处理炉的性能得到了显著的提高。计算机数字控制系统一般是32位嵌入式系统，由人机界面、现场网络、操作系统和组态软件等部分构成。它适用于工业现场环境，安全可靠，可以广泛应用于生产过程设备的操作和数据显示，与传统人机界面相比，突出了自动信息处理的特点，并增加了信息存储和网络通信的功能。

采用包括计算机人机界面的自动控制系统，可以取代温度记录仪，利用人机界面自带的硬盘可以进行温度数据长时间的无纸化记录，而且记录通道可以比记录仪多得多；与PLC模拟量模块共同组成温度控制系统，可以取代温度控制仪表，进行处理温度的设定显示和过程的PID控制；可以取代大部分开关按钮，在人机界面的触摸屏上就可以进行不同的控制操作。采用由人机界面组成的自动控制系统，还有以下普通控制系统无法比拟的优点：①热处理炉的各个运行状态都可以在人机界面的彩色显示屏上进行动态模拟；②可以利用人机界面组态软件的配方功能进行工艺控制参数的设置、选择和监控；③具有网络接口的人机界面可以通过网线连接到工厂的计算机系统，实现生产过程数据的远程集中监控。

二、过程工业自动化

过程工业是指对连续流动或移动的液体、气体或固体进行加工的工业过程。过程工业自动化主要包括炼油、化工、医药、生物化工、天然气、建材、造纸和食品等工业过程的自动化。过程工业自动化以控制温度、压力、流量、物位（包括液位、料位和界面）、成分和物性等工业参数为主。

（一）对温度的自动控制

工业过程中常用的温度控制，主要包括以下几种情况：

1.加热炉温度的控制

在工业生产中，经常遇到由加热炉来为一种流体加热，使其温度提高的情况，如在石油加工过程中，原油首先需要在炉子中升温。一般加热炉需要对被加热流体的出口温度进行控制。当出口温度过高时，燃料油的阀门就会适当地关小；如果出口温度过低，燃料油的阀门就会适当地开大。这样按照负反馈原理，就可以通过调节燃料油的流量来控制被加热流体的出口温度了。

2. 换热过程的温度控制

工业上换热过程是由换热器或换热器网络来实现的。通常换热器中一种流体的出口温度需要控制在一定的温度范围内，这时对换热器的温度控制系统就是必需的。如图 5-3 所示，只要调节换热器一侧流体的流量，就会影响换热器的工作状态和换热效果，这样就可以控制换热器另一侧流体的出口温度了。

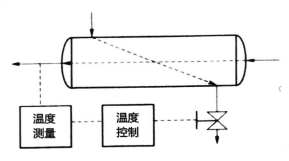

图 5-3　换热过程的温度控制原理图

3. 化学反应器的温度控制

工业上最常见的是进行放热化学反应的釜式化学反应器，这时调节夹套中冷却水的出口流量，就可以根据负反馈原理来控制反应釜中的温度了。

4. 分馏塔温度的控制

在炼油和化工过程中，分馏塔是最常见的设备，也是最主要的设备之一，对分馏塔的控制是最典型的控制系统。在分馏塔的塔顶气相流体经过冷凝之后，要储存在回流罐之中，分馏塔的温度控制就是利用回流量的调节来实现的。

(二) 对压力的自动控制

工业过程中常用的压力控制，主要包括以下几种情况：

1. 分馏塔压力的控制

分馏塔的压力是受塔顶气相的冷凝量影响的，塔顶气相的冷凝量可以由改变冷却水的流量来调节。这样分馏塔的压力就可以由调节冷却水的流量来控制了。

2. 加热炉炉膛压力的控制

加热炉的压力是保证加热炉正常工作的重要参数，对加热炉压力的控制是由调节加热炉烟道挡板的角度来实现的。

3. 蒸发器压力的控制

工业上常见的对蒸发器压力的控制，通常最多是使用蒸汽喷射泵来得到一个比大气压还低的低气压，就是工程上常说的真空度。因此，对蒸发器的压力控制也称为对蒸发器真空度的控制。这时所控制的绝对压力在 0~1 个大气压，其控制原理图如图 5-4 所示。

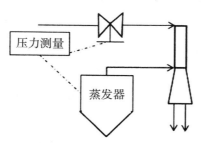

图 5-4 蒸发器的真空度控制原理图

三、电力系统自动化

电力系统的自动化主要包括发电系统的自动控制和输电、变电、配电系统的自动控制及自动保护。发电系统是指把其他形式的能源转变成电能的系统，主要包括水电站、火电厂、核电站等。电力系统自动控制的目的就是为了保证系统平时能够工作在正常状态下，在出现故障时能够及时正确地控制系统按正确的次序进入停机或部分停机状态，以防止设备损坏或发生火灾。下面简单介绍火力发电厂的生产过程与自动控制。

（一）火力发电厂的生产过程

热电厂中的锅炉可以是燃煤锅炉、燃油锅炉或燃气锅炉。由锅炉产生的蒸汽经过加热成为过热蒸汽，然后送到汽轮发电机组中发电。由汽轮机出来的低压蒸汽还要经过冷凝塔，冷却成水再循环利用。由发电机产生的交流电经过升压变压器升压后送到输变电网。

（二）锅炉给水系统的自动控制

在热电厂里，主要的控制系统包括对锅炉的控制、对汽轮机的控制和对发电电网方面的控制。对锅炉给水系统的控制是由典型的三冲量控制系统来完成的。所谓三冲量控制，就是要将蒸汽流量、给水流量和汽包液位综合起来考虑，把液位控制和流量控制结合起来，形成复合控制系统。

第四节　智能建筑与智能交通

一、飞行器控制

飞行器包括飞机、导弹、巡航导弹、运载火箭、人造卫星、航天飞机和直升机等，其中飞机和导弹的控制是最基本和重要的，这里只介绍飞机的控制系统。

（一）飞机运动的描述

飞机在运动过程中是由 6 个坐标来描述其运动和姿态的，也就是飞机飞行时有 6 个自由度。其中 3 个坐标是描述飞机质心的空间位置的，可以是相对地面静止的直角坐标系的 XYZ 坐标，也可以是相对地心的极坐标或球坐标系的极径和 2 个极角，在地面上相当于距离地心的高度和经度、纬度。另外，3 个坐标是描述飞机的姿态的，其中，第 1 个是表示机头俯仰程度的仰角或机翼的迎角；第 2 个是表示机头水平方向的方位角，一般用偏离正北的逆时针转角来表示，这两个角度就确定了飞机机身的空间方向；第 3 个叫倾斜角，就是表示飞机横侧向滚动程度的侧滚角。当两侧翅膀保持相同高度时，倾斜角为 0。

（二）对飞机的人工控制

飞机的人工控制就是驾驶员手动操纵的主辅飞行操纵系统。这种系统可以是常规的机械操纵系统，也可以是电传控制的操作系统。人工控制主要是针对六个方面进行控制的。

①驾驶员通过移动驾驶杆来操纵飞机的升降舵（水平尾翼），进而控制飞机的俯仰姿态。当飞行员向后拉驾驶杆时，飞机的升降舵就会向上转一个角度，气流就会对水平尾翼产生一个向下的附加升力，飞机的机头就会向上仰起，使迎角增大。若此时发动机功率不变，则飞机速度相应减小。反之，向前推驾驶杆时，则升降舵向下偏转一个角度，水平尾翼产生一个向上的附加升力，使机头下俯、迎角减小，飞机速度增大。这就是飞机的纵向操纵。

②驾驶员通过操纵飞机的方向舵（垂直尾翼）来控制飞机的航向。飞机做没有侧滑的直线飞行时，如果驾驶员蹬右脚蹬时，飞机的方向舵向右偏转一个角度，此时气流就会对垂直尾翼产生一个向左的附加侧力，就会使飞机向右转向，并使飞机做左侧滑。相

反，蹬左脚蹬时，方向舵向左转，使飞机向左转，并使飞机做右侧滑。这就是飞机的方向操纵。

③驾驶员通过操纵一侧的副机翼向上转和另一侧的副机翼向下转，而使飞机进行滚转。飞行中，驾驶员向左压操纵杆时，左翼的副翼就会向上转，而右翼的副翼则同时向下转。这样，左侧的升力就会变小而右侧的升力就会变大，飞机就会向左产生滚转。当向右压操纵杆时，右侧副具就会向上转而左侧副翼就会向下转，飞机就会向右产生滚转。这就是飞机的侧向操纵。

④驾驶员通过操纵伸长主机翼后侧的后缘襟翼来增大机翼的面积，进而提高升力。

⑤驾驶员通过操纵伸展主机翼后侧的翘起的扰流板（也叫减速板），来增大飞机的飞行阻力进而使飞机减速。

⑥驾驶员通过操纵飞机的发动机来改变飞机的飞行速度。

二、智能建筑

美国康涅狄格州哈特福德市的一座名叫城市广场的建筑，就是第一座智能建筑。智能建筑是应用计算机技术、自动化技术和通信技术的产物，它有许多显著的特点。主要包括：①楼宇自动化系统（Building Automation System，BAS）；②办公自动化系统（Office Automation System，OAS）；③通信自动化系统（Communication Automation System，CAS）；④综合布线系统（Premises Distribution System，PDS）；⑤防火监控系统（Fire Automation System，FAS）；⑥安保自动化系统（Safety Automation System，SAS）。

（一）楼宇自动化系统

楼宇自动化系统（BAS）的任务是使建筑物的管理系统智能化。它所管理的范围包括电力、照明、给水、排水、暖气通风、空调、电梯和停车场的部分。通过计算机的智能化管理，使各部分都能够高效、节能的工作，使大厦成为安全舒适的工作场所。楼宇自动化系统是计算机智能控制和智能管理在日常生活中的重要应用，它体现了计算机化的智能管理，可以节省人力物力，方便了人们的使用和记录，实现了智能报警、自动收费和自动连锁保护。例如，在电力系统中，可以对变压器的工作状态进行有效监管；在照明系统中，可以由计算机设定照明时间，在空调和暖气系统中，由计算机管理系统的启动和运行；在停车场的管理中，可以进行防盗监视、多点巡视和自动收费等。

（二）办公自动化系统和通信自动化系统

办公自动化系统（OAS）和通信自动化系统（CAS）都是针对信息加工和处理的，其基本特点就是利用计算机、网络和传真的现代化设施来改善办公的条件，在此基础上，使得信息的获取、传输、存储、复制和处理更加便捷。在办公和通信自动化中，电话是最早使用的，但是在应用计算机之前，电话都是靠继电器和离散电路交换的，没有使用程序控制的交换机，电话的总数就受到限制。在程序控制电话的基础上，数字传真技术是远距离传送的，不仅可以是声音信息，也可以是图形、文字信息。这就使所传输信息的准确程度又提高了一步。但是用传真手段来传送信息在接收和发送两端还离不开纸张介质。

计算机网络的推广使用促使信息的传输摆脱了纸张介质，直接在计算机硬盘之间进行了通信。光纤通信具有传输数据量大、频带宽等特点，特别适合多路传送数据或图形，它的使用是通信领域里一场新的革命。电子邮件可以准确快速地传输各种数据文件或图形文件。应用连接计算机的打印机可以使文件编辑修改在屏幕上进行，相对于手工打字就提高了自动化程度，而复印机的应用实现了多份拷贝直接产生，省去了通过蜡纸印刷的麻烦。

办公自动化中的另一重要部分就是数据库系统，是办公时做任何决定都必不可少的决策支持系统。财务管理系统、人事管理系统和物资设备管理系统是计算机应用的重要组成部分，它们借助于强大的软件功能使信息的处理更加便捷，使查阅修改更加方便，使大量的信息可以快速地提供给决策者。

（三）防火监控系统

防火监控系统（FAS）包括火灾探测器和报警及消防联动控制。

火灾探测器常用的有以下五种：

①离子感烟式探测器。这种探测器是用放射性元素镅（241Am）作为放射源，用其放射的射线使电离室中空气电离成为导体，这时可以根据在一定电压下离子电流的大小获知空气中含烟的浓度。

②光电感烟式探测器。这种探测器又分头光式和反光式两种：头光式的测量原理是依靠测量含烟空气的透明程度，来获知空气中含烟的浓度的；反光式则是依靠测量空气中烟尘的反光程度来获知含烟浓度的。

③感温式探测器。这种探测器就是测量空气是否达到一定的温度，达到了则报警；测温元件有热电阻式的、热电偶式的、双金属片式的、半导体热敏电阻式的、易熔金属式的、空气膜盒式的等。

④感光式探测器。这种探测器又分红外式和紫外式两种，红外式的是使用红外光敏元件（如硫化铅、硒化铅或硅敏感元件等）来测量火焰产生的红外光辐射；紫外式的是使用光电管来测量火电发出的紫外光辐射。

⑤可燃气体探测器。这种探测器又分为热催化式、热导式、气敏式和电化学式四种。热催化式的是利用铂丝的发热使可燃气体反应放热，再测量铂丝电阻的变化来获知可燃气体的浓度的；热导式是利用铂丝测量气体的导热性来获知可燃气体的浓度；气敏式是通过半导体的电阻气敏性来测量可燃气体的浓度；电化学式是通过气体在电解液中的氧化还原反应来测量可燃气体的浓度。

三、智能交通系统

智能交通系统（Intelligent Transport System，ITS）是把先进电子传感技术、数据通信传输技术、计算机信息处理技术和控制技术等综合应用于交通运输管理领域的系统。

（一）交通信息的收集和传输

智能交通系统不是空中楼阁，也不是仿真系统，而是实实在在的信息处理系统，所以它就必须有尽量完善的信息收集和传输手段。交通信息的收集方式有很多种，常用的包括电视摄像设备、车辆感应器、车辆重量采集装置、车辆识别和路边设备以及雷达测速装置等。其中，电视摄像设备主要收集各路段车辆的密集程度，以供交通信息中心决策之用；车辆重量采集装置一般是装在路面上，可以判定道路的负荷程度；车辆识别和路边设备，可以收集车辆所在位置的信息；雷达测速装置，可以收集汽车的速度信息。所有这些信息都要送到交通信息处理中心，信息中心不仅要存有路网的信息，还要存有公共交通的路线的信息等，这样才能使信息中心良好地工作。

（二）交通信息的处理系统

在庞大的道路交通网上，交通的参与者有几万，甚至几十万，其中包括步行、骑自行车、乘公交车（包括地铁和轻轨）、乘出租车或自己驾车，道路上的情况瞬息万变。人们经常会遇到由于交通事故或意外事件造成的堵车，如何使路口的信号系统聪明起来，能够及时处理信息和思考呢？即能够快速探测到事故或事件，并快速响应和处理，将会大大减少由此造成的堵车困扰。智能交通监控系统就是为此开发的，它使道路上的交通信息与交通相关信息尽量完整和实时；交通参与者、交通管理者、交通工具和道路管理设施之间的信息交换实时和高效；控制中心对执行系统的控制更加高效；处理软件系统具备自学习、自适应的能力。

交通信息的处理系统就是将交通状态信息和交通工程原始信息进行数据分析加工，从而输出交通对策。所谓路线诱导数据，就是指各路段的连接关系，根据这些关系可以做交通行为分析，进而做参数分析，交通行为分析就是分析各个车辆所行走的路线，这样就为计算宏观交通状况分析提供了数据。根据交通流量、密度和路段分时管理信息可以做出交通流量分析，进而为动态交通分配提供数据，根据路网路况信息和排放量数据可以做环境负荷分析。由交通流量、密度和交通流量分析的结果可以做动态交通分配，进而可以做出各时间交通量的预测。根据车辆移动数据、环境负荷分析和参数分析的结果，可以做出宏观交通状况分析。根据这些数据分析，最后就可以得出各种交通对策。这些交通对策包括交通诱导、道路规划、交通监控、环境对策、收费对策、信息提供和交通需求管理等。

（三）大公司开发的智能交通系统

智能交通系统，在它的发展过程中设备的技术进步是决定的因素，如果只有先进的思路而没有先进的设备，这样产生的系统必然是落后过时的。所以智能交通系统的各个分系统或子系统，都首先在大公司酝酿并产生了。它们的指导思路是首先融合信息、指挥、控制及通信的先进技术和管理思想，综合运用现代电子信息技术和设备，密切结合交通管理指挥人员的经验，使交通警察和交通参与者对新系统的开发提出看法和意见，这样集有线/无线通信、地理信息系统（Geographical Information System，GIS）、全球定位系统（Global Position System，GPS）、计算机网络、智能控制和多媒体信息处理等先进技术为一体，就是所希望开发的是实用系统，其中，一些分系统或子系统如下：

①交通控制系统（Traffic Control System）；

②交通信息服务系统（Traffic Information Service System）；

③物流系统（Logistic System）；

④轨道交通系统（Railway System）；

⑤高速公路系统（Highway System）；

⑥公交管理系统（Public Traffic Management System）；

⑦静态交通系统（Static Traffic System）；

⑧ITS 专用通信系统（ITS Communication System）。

交通视频监控系统（Video Monitoring System，VMS）是公安指挥系统的重要组成部分，它可以提供对现场情况最直观的反映，是实施准确调度的基本保障。重点场所和监测点的前端设备将视频图像以各种方式（光纤、专线等）传送至交通指挥中心，进行信息的存储、处理和发布，使交通指挥管理人员对交通违章、交通堵塞、交通事故及其他突发事件做出及时、准确的判断，并相应调整各项系统控制参数与指挥调度策略。

多种交通信息的采集、融合与集成以及发布是实现智能交通管理系统的关键。因此，建立一个交通集成指挥调度系统是智能交通管理系统的核心工作之一。它使交通管理系统智能化，实现了交通管理信息的高度共享和增值服务，使得交通管理部门能够决策科学、指挥灵敏、反应及时和响应快速；使交通资源的利用效率和路网的服务水平得到大幅度提高；有效地减少汽车尾气排放，降低能耗，促进环境、经济和社会的协调发展和可持续发展；也使交通信息服务能够惠及千家万户，让交通出行变得更加安全、舒适和快捷。

智能交通系统又是公安交通指挥中心的核心平台，它可以集成指挥中心内交通流采集系统、交通信号控制系统、交通视频监控系统、交通违章取证系统、公路车辆监测记录系统、122接管处理系统、GPS车辆调度管理系统、实时交通显示及诱导系统和交通通信系统等各个应用系统，将有用的信息提供给计算机处理，并对这些信息进行相关处理分析，判断当前道路交通情况，对异常情况自动生成各种预案，供交通管理者决策，同时可以将相关交通信息对公众发布。

第五节　生物控制与社会经济控制

一、生物控制论及信息处理

（一）生物控制论

生物控制论是控制论的一个重要分支，同时它又属于生物科学、信息科学及医学工程的交叉科学。它研究各种不同生物体系统的信息传递和控制的过程，探讨它们共同具有的反馈调节、自适应的原理以及改善系统行为，使系统具有稳定运行的机制。它是研究各类生物系统的调节和控制规律的科学，并形成了一系列的概念、原理和方法。生物体内的信息处理与控制是生物体为了适应环境，求得生存和发展的基本问题。不同种类的生物、生物体各个发展阶段，以及不同层次的生物结构中，都存在信息与控制问题。

之所以研究生物系统中的控制现象，是因为生物系统中的控制过程同非生物系统中的控制过程很多都是非常类似的，而生物体中控制系统又是每个都有其各自特点的，这些特点常常在人类设计自己需要的控制系统时，非常有借鉴作用。从系统的角度来说，生物系统同样也包含着采集信息部分、信息传输部分、处理信息并产生命令的部分和执行命令的部分。所不同的是在生物体中，这些工作都是由生物器官来完成的。例如，生物体中对声音、光线、温度、气压、湿度等的感觉就是由特定的感觉器官来完成的，这些信息又通过神经纤维传输的神经中枢进行信息处理并产生相应的命令，最后这些命令送到各自的执行器官去执行。这就是生物系统的闭环控制过程。

当前该学科研究比较热门的问题是神经系统信息加工的模型与模拟、生物系统中的非线性问题、生物系统的调节与控制、生物医学信号与图像处理等。近年来，理解大脑的工作原理已成为生物控制论的新热点，其中，关键是揭示感觉信息，特别是视觉信息在脑内是如何进行编码、表达和加工的。大脑在睡眠、注意和思维等不同的脑功能状态下的模型与仿真问题，特别是动态脑模型，以及学习、记忆与决策（Decision Making）的机理都是很热门的问题。关于大脑意识是如何产生的，它的物质基础是什么，也已吸引许多科学家着手进行研究。

（二）人工神经网络

人工神经网络（Artificial Neural Networks，ANNs）也可称为连接模型（Connectionist Model），是对人脑或自然神经网络（Natural Neural Network）的抽象模拟。人工神经网络主要是从对人脑的研究中借鉴并发展起来的。它以人脑的生理研究成果为基础，模拟大脑的某些机理和机制，从而实现信息处理方面的功能。在人工神经的研究中，早年就出现了黑格学习算法，后来有人不断地做这方面的研究，力求在蓬勃发展的指令式计算机之外，再走出一条同步并行计算的信息处理道路。经过不断努力，研究人员取得了一些成果，如Rosenblatt提出了感知器（Perceptron）模型。之后进入一段快速发展时期后，出现了一些有实用价值的研究成果，如多层网络的误差反向传播（BP）学习算法、自组织特征映射、Hopfield网络模型和自适应共振理论等。

二、社会经济控制

（一）系统动力学模型

社会经济控制是以社会经济系统模型为基础的，社会经济系统的模型是以系统动力学方法建立的，它是研究复杂的社会经济系统动态特性的定量方法。这种方法是借鉴机械系统的动力学基本原理创立的。机械系统的动力学就是根据推动力和定量惯性之间的关系来建立运动的动态方程式，进而来研究机械系统的动态特性、速度特性以及各种波动的调节方法。系统动力学方法则是以反馈控制理论为基础，来建立社会系统或经济系统的动态方程或动态数学模型，再以计算机仿真为手段来进行研究。这种方法已成功地应用于企业、城市、地区和国家，甚至世界规模的许多战略与决策等分析中，被誉为社会经济研究的战略与决策实验室。这种模型从本质上看是带时间滞后的一阶差分或微分方程，由于建模时借助于流图，其中，积累、流率和其他辅助变量都具有明显的物理意义，因此可以说是一种预告和实际对比的建模方法。系统动力学虽然使用了推动力、入出流量、存储容量或惯性惯量这些概念，可以为经济问题和社会问题建立动态的数学模型，但是为各个单元所建立的模型大多为一阶动态模型，具有一定的近似性，加上实际系统易受人为因素的影响，所以对经济系统或社会系统的动态定量计算的精度都不是很高。

系统动力学方法与其他模型方法相比，具有下列特点：

①适用于处理长期性和周期性的问题。如自然界的生态平衡、人的生命周期和社会问题中的经济危机等都呈现周期性规律，并需要通过较长的历史阶段来观察，已有不少系统动力学模型对其机制做出了较为科学的解释。

②适用于对数据不足的问题进行研究。在社会经济系统建模中，常常遇到数据不足或某些数据难于量化的问题，系统动力学借助各要素间的因果关系及有限的数据及一定的结构仍可进行推算分析。

③适用于处理精度要求不高的、复杂的社会经济问题。上述情况经常是因为描述方程是高阶非线性动态的，应用一般数学方法很难求解。系统动力学则借助于计算机及仿真技术仍能算出系统的各种结果和现象。

1. 因果反馈

如果事件 A（原因）引起事件 B（结果），那么 AB 间便形成因果关系。若 A 增加引起 B 增加，称 AB 构成正因果关系；若 A 增加引起 B 减少，则为负因果关系。两个以上因果关系链首尾相连构成反馈回路，也分为正、负反馈回路。

2. 积累

积累这种方法是把社会经济状态变化的每一种原因看作为一种流，即一种参变量，通过对流的研究来掌握系统的动态特性和运动规律。流在节点的累积量便是"积累"，用以描述系统状态，系统输入、输出流量之差为积累的增量。"流率"表述流的活动状态，也称为决策函数，积累则是流的结果。任何决策过程均可用流的反馈回路描述。

3. 流图

流图由积累、流率、物质流及信息流等符号构成，直观形象地反映系统结构和动态特征。

（二）系统动力学模型的应用举例

1. 中等城市经济的系统动力学模型及政策调控研究

系统动力学模型能全面和系统地描述复杂系统的多重反馈回路、复杂时变以及非线性等特征，能很好地反映区域经济系统对宏观调控政策的动态效果及敏感程度；能有效地避免事后控制所带来的经济震荡。采用系统动力学这一定性分析与定量分析综合集成的方法，在利用区域经济学、计量经济学、数理统计等有关理论和方法对一个城市经济系统进行系统研究的基础上，建立该城市经济系统动力学模型，并进行政策模拟，可提供一些有益的政策建议。

①揭示了区域经济系统及其7个子系统（工业经济、农业生态、环境、人口、交通通信、能源电子以及商业服务业）间的相互联系、相互影响、相互作用的内在机理；

②模型在结构、行为模式等方面与现实具有较好的一致性；

③对各种备选方案进行比较选优，发挥系统动力学应用的政策实验室的作用；

④针对系统动力学的独特优势与不足，探讨弥补这些不足的措施和途径。

2. 区域经济的系统动力学研究

运用系统动力学的定性与定量相结合的分析方法和手段，解决区域经济系统中长期存在的问题，并提供政策和建议，具有重大的推广应用价值。在技术原理及性能上具有如下特点：

①区域经济系统及其子系统都是具有多重反馈结构的复杂时变系统，因此采用一般的定量分析方法难以全面、系统地反映这一复杂系统，难以把握区域经济系统及其子系统的宏观调控过程，以及在此过程中的动态反映效果及敏感程度，以致容易引起事后控制所带来的经济震荡。

②在充分研究区域经济系统的基础上，可提供区域经济系统及其子系统之间相互联系、相互作用和相互影响的机制。

③利用系统动力学方法建立区域经济系统及其子系统的系统动力学模型，对模型的结构、行为及模型的一致性、适应性等进行验证，以确保模型的合理性。

三、大系统控制和系统工程

（一）大系统的建模

大系统一般是高维的复杂系统，就是说，在这样的系统里，独立变量的个数相当多，并且它们之间的关系错综复杂。

1. 大系统特性

由于系统内各变量之间的关系错综复杂，大系统常常具有以下特性：

①子系统性，即大系统内部可能包括许多子系统；

②非线性，即系统有时会表现出严重的非线性特性；

③高阶性，即描述整个或部分系统的微分方程要包含许多高阶导数项；

④时变性，即系统的参数有时是随时间变化的；

⑤关联性，即对系统进行控制时，系统内的各种严重耦合使解耦变得非常困难。大系统一般多是来自实际的问题，比如来自社会、环境、电力、运输、能源、通信、企业、经济以及行政机构等。

2. 大系统的问题

大系统研究的主要问题包括：

①大系统的建模；

②大系统的可控性和稳定性研究；

③大系统的优化控制；

④对大系统的分级控制。

建立系统的数学模型是研究系统的常用方法之一。一般建立数学模型时，最好要先将系统分解成各个部分或子系统，然后再根据系统各个部分所遵守的数学或物理关系来建立数学模型。对于每一部分，建模之前首先要确定建模的用途，因为一个模型不可能适用于各种用途。还要做好边界的划分，找出边界内部的状态变量和经过边界的扰动变量。常用的物理关系有能量守恒定律、动量守恒定律、质量守恒定律或连续性方程，涉及电学的可能要用到库仑定律、欧姆定律、基尔霍夫定律、法拉第定律或麦克斯韦方程，在涉及化学反应的系统中要考虑化学平衡、组分平衡和相平衡。

以上这些建模都是机理模型。集结法是一种常用建模方法，它的思路就是由系统或子系统中各个中间变量之间的静态或动态映射关系，来推导出输入、输出变量之间的静态或动态关系。通过实验数据可以建立各种数据模型。

（二）大系统的控制

大系统的控制主要有递阶控制、分散控制和分段控制，其中分段控制可以是按时间分段也可以是按功能分段。当大系统可以按层次划分成比较明确的许多子系统或分系统时，这时就可以使用递阶控制，也就是对每个子系统分别控制作为底层，然后再把相关的子系统组织起来形成各个第二阶子系统，并在各个第二阶子系统内进行协调控制，这样逐层地进行递阶控制直到把整个系统都控制起来。

大系统常用的第二种控制方案就是分层控制结构，这种结构可以体现决策过程中包含的复杂性。在这种控制方案中，控制任务是按层分配的。最内层是调节层，它所调整的是大系统的状态。第二层是优化层，它的作用是优化系统状态的期望值。第三层是自适应层，它的作用是找出系统参数发生的变化以确定调节器参数的变化。最外层是自组织层，它的作用是根据系统的变化，找出对应模型结构的变化，进而为自适应层、优化层和调节层的变化算出确定的变化量。

（三）系统工程

系统工程所包括的范围主要是系统建模、系统分析、系统设计、系统优化和系统规划等。其所处理的系统不仅包括科学和工程领域中的系统，还包括社会领域和经济领域的系统等。系统分析的方法有归纳法和演绎法两种，可以用其中一种方法，也可以把两种方法结合起来。

系统分析的第一步就是要收集整理资料，要收集有关被分析系统的尽量多的信息，掌握更多的资料。在这些信息资料的基础上，就要为系统建模建立数学模型、逻辑模型或其他模型，之后就要对系统进行优化。最后就是要对结果给出合理的评价。对系统的模型进行优化时，首先要确定优化的目标函数，然后再选择优化的算法。对系统的优化有时需要进行单目标优化，有时需要进行多目标优化。一般做单目标优化时，大多设计成使用优化算法求目标函数的极小值。如做多目标优化，在优化过程中要判断各个目标所围成的区域，并在区域内部或边缘上找到优化点。选择优化算法时，对于静态优化常用的算法有最速下降法、蒙特卡罗法、遗传算法、进化算法、模拟退火算法和蚁群算法等，对于动态的优化有变分法、动态规划法和极大值原理等。

第六章　智能制造时代的工业机器人

第一节　智能制造技术

当前，全球制造业正在发生新革命。随着德国工业 4.0 概念的提出，物联网、工业互联网、大数据、云计算等技术的不断创新发展，以及信息技术、通信技术与制造业领域的技术融合，新一轮技术革命正在以前所未有的广度和深度，推动着制造业生产方式和发展模式的变革。

一、概述

智能制造（Intelligent Manufacturing，IM）简称智造，源于人工智能的研究成果，是一种由智能机器和人类专家共同组成的人机一体化智能系统。人工智能在制造过程中，主要采取分析、推断、判断以及构思和决策等的适应过程，与此同时，还通过人与机器的合作，最终实现机器的人工智能化。智能制造使得自动化制造更为柔性化、智能化和高度集成化。

智能制造技术是通过人类机器模拟专家的分析、判断、推理、构思和决策等智能活动，并将这些智能活动与智能机器有机融合，使其贯穿应用于制造企业的各个子系统（如经营决策、采购、产品设计、生产计划、制造、装配、质量保证和市场销售等）的先进制造技术。该技术能够实现整个制造企业经营运作的高度柔性化和集成化，取代或延伸制造环境中专家的部分脑力劳动，并对制造业专家的智能信息进行收集、存储、完善、共享、继承和发展，从而极大地提高生产效率。

智能制造系统是一种由部分或全部具有一定自主性和合作性的智能制造单元组成的、在制造活动全过程中表现出相当智能行为的制造系统。其最主要的特征在于工作过程中对知识的获取、表达与使用。根据其知识来源，智能制造系统可分为两类：以专家系统为代

机械制造与自动化应用探析

表的非自主式制造系统。该类系统的知识由人类的制造知识总结归纳而来，建立在系统自学习、自进化与自组织基础上的自主型制造系统。该类系统可以在工作过程中不断自主学习、完善与进化自有知识，因而具有强大的适应性以及高度开放的创新能力。

随着以神经网络、遗传算法与遗传编程为代表的计算机智能技术的发展，智能制造系统正逐步从非自主式智能制造系统向具有自学习、自进化与自组织的具有持续发展能力的自主式智能制造系统过渡发展。

（一）智能制造标准化参考模型

智能制造对制造业的影响主要表现在三个方面，分别是智能制造系统、智能制造装备和智能制造服务，涵盖了产品从生产加工到操作控制再到客户服务的整个过程。

智能制造的本质是实现贯穿三个维度的全方位集成，包括企业设备层、控制层、管理层等不同层面的纵向集成，跨企业价值网络的横向集成，以及产品全生命周期的端到端集成。标准化是确保实现全方位集成的关键途径，结合智能制造的技术架构和产业结构，可以从系统架构、价值链和产品生命周期三个维度构建智能制造标准化参考模型，帮助我们认识和理解智能制造标准化的对象、边界、各部分的层级关系和内在联系。

1. 生命周期

生命周期是由设计、生产、物流、销售、服务等一系列相互联系的价值创造活动组成的链式集合。生命周期中各项活动相互关联、相互影响，不同行业的生命周期构成不尽相同。

2. 系统层级

系统层级自下而上共五层，分别为设备层、控制层、车间层、企业层和协同层。智能制造的系统层级体现了装备的智能化、互联网协议（IP）化，以及网络的扁平化趋势。

3. 智能功能

智能功能包括资源要素、系统集成、互联互通、信息融合和新业态等五层。

（二）智能制造标准体系框架

智能制造标准体系结构包括 A 基础共性、B 关键技术、C 重点行业三个部分，主要反映标准体系各部分的组成关系。智能制造标准体系结构图如图 6-1 所示。

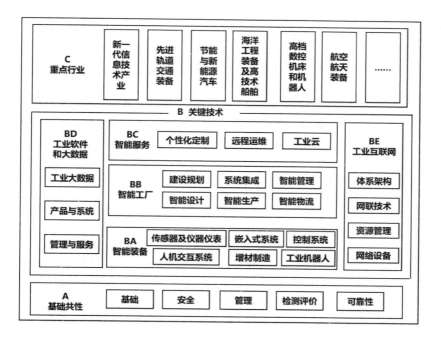

图 6-1 智能制造标准体系结构图

具体而言，A 基础共性标准包括基础、安全、管理、检测评价和可靠性五大类，位于制造标准体系结构图的最底层，其研制的基础共性标准支撑着标准体系结构图上层虚线框内 B 关键技术标准和 C 重点行业标准；BA 智能装备标准位于智能制造标准体系结构图的 B 关键技术标准的最底层，与智能制造实际生产联系最为紧密；在 BA 智能装备标准之上的是 BB 智能工厂标准，是对智能制造装备、软件、数据的综合集成，该标准领域在智能制造标准体系结构图中起着承上启下的作用；BC 智能服务标准位于 B 关键技术标准的顶层，涉及对智能制造新模式和新业态的标准研究；BD 工业软件和大数据标准与 BE 工业互联网标准分别位于智能制造标准体系结构图的 B 关键技术标准的最左侧和最右侧，贯穿 B 关键技术标准的其他三个领域（BA、BB、BC），打通物理世界和信息世界，推动生产型制造向服务型制造转型；C 重点行业标准位于智能制造标准体系结构图的最顶端，面向行业具体需求，对 A 基础共性标准和 B 关键技术标准进行细化和落地，指导各行业推进智能制造。

二、智能制造系统架构

智能制造系统的整体架构可分为五层。

各层的具体构成如下：

（一）生产基础自动化系统层

其主要包括生产现场设备及其控制系统。其中生产现场设备主要包括传感器、智能仪表、可编程逻辑控制器 PLC、机器人、机床、检测设备、物流设备等。控制系统主要包括适用于流程制造的过程控制系统、适用于离散制造的单元控制系统和适用于运动控制的数据采集与监控系统。

（二）生产执行系统层

其包括不同的子系统功能模块（计算机软件模块），典型的子系统有制造数据管理系统、计划排程管理系统、生产调度管理系统、库存管理系统、质量管理系统、人力资源管理系统、设备管理系统、工具工装管理系统、采购管理系统、成本管理系统、项目看板管理系统、生产过程控制系统、底层数据集成分析系统、上层数据集成分解系统等。

（三）产品全生命周期管理系统层

其主要分为研发设计、生产和服务三个环节。研发设计环节主要包括产品设计、工艺仿真和生产仿真。应用仿真模拟现场形成效果反馈，促使产品改进设计，在研发设计环节产生的数字化产品原型是生产环节的输入要素之一；生产环节涵盖了上述生产基础自动化系统层与生产执行系统层的内容；服务环节主要通过网络进行实时监测、远程诊断和远程维护，并对监测数据进行大数据分析，形成和服务有关的决策、指导、诊断和维护工作。

（四）企业管控与支撑系统层

其包括不同的子系统功能模块，典型的子系统有战略管理、投资管理、财务管理、人力资源管理、资产管理、物资管理、销售管理、健康安全与环保管理等。

（五）企业计算与数据中心层

其包括网络、数据中心设备、数据存储和管理系统、应用软件等，提供企业实现智能制造所需的计算资源、数据服务及具体的应用功能，并具备可视化的应用界面。企业为识别用户需求而建设的各类平台，包括面向用户的电子商务平台、产品研发设计平台、生产执行系统运行平台、服务平台等。这些平台都需要以该层为基础，方能实现各类应用软件的有序交互工作，从而实现全体子系统信息共享。

三、智能制造装备

智能制造装备是制造业的基础硬件，也是智能制造标准体系中至关重要的一环。发展智能制造装备产业，对于加快制造业转型升级，提升生产效率、技术水平和产品质量，降低能源消耗，实现制造过程的智能化和绿色化都具有重要意义。

（一）智能制造装备的定义

智能制造装备是具有感知、分析、推理、决策、控制等功能的制造装备，它能够自行感知、分析运行环境，自行规划、控制作业，自行诊断和修复故障，主动分析自身性能优劣、进行自我维护，并能够参与网络集成和网络协调。

智能制造装备产业涵盖了关键智能基础共性技术（如传感器等关键器件、零部件等）、测控装置和部件（如智能仪表、高档自控系统、数控系统等）以及智能制造成套装备等几大领域。由此可见，智能制造装备与生产制造的各个环节息息相关，大力发展智能制造装备，可以有效优化生产流程，提高生产效率、技术水平和产品质量。

（二）市场需求与产业前景

目前，我国的智能制造装备产业以新型传感器、智能控制系统、工业机器人和自动化成套生产线为代表，尚处于发展初期，未来市场空间巨大，但同时也面临国际竞争的挑战。

1. 市场需求

随着信息技术向制造业的渗透和新一代信息技术与制造技术的充分交互，以及制造业自动化、数字化、网络化水平的显著提高，智能制造将成为生产方式变革的风向标，以工业机器人为代表的智能装备产业将迎来快速发展期。

（1）发展两化融合、科技集成

在市场需求不断变化的驱动下，制造业的生产规模正向多品种、变批量（变批量生产的概念是相对于批量生产而来的，是批量可变的意思）、柔性化的方向发展；而在信息科技发展的推动下，制造业的资源配置正向信息密集型的方向发展。发展先进制造技术的目的，不仅要高效制造出满足用户需求的优质产品，还要清洁、灵活地进行生产，以提高产品对动态多变的市场的适应能力和竞争能力。

当前，制造业正朝着全球化、信息化、专业化、绿色化、服务化的方向发展，而制造技术则向高精度、智能化、绿色低碳、高附加值、增值服务、物流联动等方向发展。在智能制造装备的发展趋势中，制造业的发展重点将主要围绕"绿色化"与"智能化"展开。

作为我国高端装备制造领域重点发展的五大行业之一，智能制造装备将成为推进我国装备制造业迈向"高精尖"的最主要力量。

（2）机器人产业市场需求快速增长

由于人工劳动成本快速上涨，并且工业机器人具有稳定性高、生产速率快等技术优势，越来越多的企业开始使用工业机器人替代人工作业。随着我国智能制造装备的发展，工业机器人在其他工业行业中也得到快速推广，如电子、橡胶塑料、军工、航空制造、食品工业、医药设备等领域。

2. 产业前景

智能制造装备是高端装备制造业发展的重点方向之一。翻阅国内各大城市的发展规划，不难发现智能制造装备产业在我国受到越来越多的关注。除了各地的产业发展布局，智能制造装备产业本身也呈现"万马奔腾"态势。

在智能制造装备领域，要重点推进高档数控机床与基础制造装备，自动化成套生产线，智能控制系统，精密和智能仪器仪表与实验设备，关键基础零部件、元器件及通用部件，智能专用装备的发展，实现生产过程自动化、智能化、精密化、绿色化，带动工业整体水平的提高。

（三）智能制造装备技术

智能制造装备技术，即是让制造装备能进行诸如分析、推理、判断、构思和决策等多种智能活动，并可与其他智能装备进行信息共享的技术。智能制造装备技术是先进制造技术、信息技术和智能技术的集成和深度融合。

从功能上讲，智能制造装备技术包括装备运行与环境感知、识别技术，性能预测与智能维护技术，智能工艺规划与编程技术，智能数控技术。

1. 装备运行与环境感知、识别技术

传感器是智能制造装备中的基础部件，可以感知或者说采集环境中的图形、声音、光线以及生产节点上的流量、位置、温度、压力等数据。传感器是测量仪器走向模块化的结果，虽然技术含量很高但一般售价较低，需要和其他部件配套使用。

智能制造装备在作业时，离不开由相应传感器组成的或者由多种传感器结合而成的感知系统。感知系统主要由环境感知模块、分析模块、控制模块等部分组成，它将先进的通信技术、信息传感技术、计算机控制技术结合来分析处理数据。环境感知模块可以是机器视觉识别系统、雷达系统、超声波传感器或红外线传感器等，也可以是这几者的组合。随着新材料的运用和制造成本的降低，传感器在电气、机械和物理方面的性能越发突出，灵敏性也变得更好。未来随着制造工艺的提高，传感器会朝着小型化、集成化、网络化和智能化方向进一步发展。

智能制造装备运用传感器技术识别周边环境（如加工精度、温度、切削力、热变形、应力应变、图像信息）的功能，能够大幅度改善其对周围环境的适应能力，降低能源消耗，提高作业效率，是智能制造装备的主要发展方向。

2. 性能预测与智能维护技术

（1）性能预测

对设备性能的预测分析以及对故障时间的估算，如对设备实际健康状况的评估、对设备的表现或衰退轨迹的描述、对设备或任何组件何时失效及怎样失效的预测等，能够减少不确定性的影响并为用户提供预先的缓和措施及解决对策，减少生产运营中产能与效率的损失。而具备可进行上述预测建模工作的智能软件的制造系统，称为预测制造系统。

一个精心设计开发的预测制造系统具有以下优点：①降低成本；②提高运营效率；③提高产品质量。

（2）智能维护技术研究

智能维护是采用性能衰退分析和预测方法，结合现代电子信息技术，使设备达到近乎零故障性能的一种新型维护技术。智能维护技术是设备状态监测与诊断维护技术、计算机网络技术、信息处理技术、嵌入式计算机技术、数据库技术和人工智能技术的有机结合，其主要研究领域包括：①远程维护系统架构和网络技术研究；②网络诊断维护标准、规范的研究；③多通道同步高速信号采集技术与高可靠性监测技术的研究；④嵌入式网络接入技术的研究；⑤基于图形化编程语言的远程监测软件研究；⑥智能分析诊断技术的研究；⑦基于 Web 的网络诊断知识库、数据库和案例库的研究；⑧多参数综合诊断技术的研究；⑨专家会诊环境的研究。

3. 智能工艺规划与编程技术

智能工艺是将产品设计数据转换为产品制造数据的一种技术，也是对零件从毛坯到成品的制造方法进行规划的技术。智能工艺以计算机软硬件技术为环境支撑，借助计算机的数值计算、逻辑判断和推理功能，确定零件机械加工的工艺过程。智能工艺是连接设计与制造之间的桥梁，它的质量和效率直接影响企业制造资源的配置与优化、产品质量与成本、生产组织效率等，因而对实现智能生产起着重要的作用。

（1）智能工艺概念

智能工艺就是计算机辅助工艺（Computer Aided Process Planning，CAPP），是指在人和计算机组成的系统中，根据产品设计阶段给予的信息，通过人机交互或自动的方式，确定产品的加工方法和工艺过程。

（2）智能工艺组成

智能工艺系统由控制模块、零件信息输入模块、工艺过程设计模块、工序决策模块、工步设计决策模块、NC加工指令生成模块、输出模块和加工过程动态仿真构成。

各模块的功能如下：

①控制模块。主要为协调功能，以实现人机之间的对话交流，控制零件信息的获取方式。

②零件信息输入模块。通过直接读取CAD系统或人机交互的方式，输入零件的结构与技术要求。

③工艺过程设计模块。对加工工艺流程进行整体规划，生成工艺过程卡，供加工与生产管理部门使用。

④工序决策模块。对以下方面进行决策，即加工方法、加工设备以及刀夹量具的选择，工序、工步安排与排序，刀具加工轨迹的规划，工序尺寸的计算，时间与成本的计算等。

⑤工步设计决策模块。设计工步内容，确定切削用量，提供生成NC加工控制指令所需的刀位文件。

⑥NC（Numerical Control，数字化控制），加工指令生成模块。依据工步设计决策模块提供的文件，调用NC指令代码系统，生成NC加工控制指令。

⑦输出模块。以工艺卡片形式输出产品工艺过程信息，如工艺流程图、工序卡，输出CAM数控编程所需的工艺参数文件、刀具模拟轨迹、NC加工指令，并在集成环境下共享数据。

⑧加工过程动态仿真模块。对所生成的加工过程进行模拟，检查工艺的正确性。

（3）智能工艺决策专家系统

智能工艺决策专家系统是一种在特定领域内具有专家水平的计算机程序系统，它将人类专家的知识和经验以知识库的形式存入计算机，同时模拟人类专家解决问题的推理方式和思维过程，从而运用这些知识和经验对现实中的问题做出判断与决策。

智能工艺决策专家系统由人机接口、解释机构、知识库、动态数据库、推理机和知识获取机构六部分共同组成。其中，知识库用来存储各领域的知识，是专家系统的核心；推理机控制并执行对问题的求解，它根据已知事实，利用知识库中的知识按一定推理方法和搜索策略进行推理，得到问题的答案或证实某一结论。

智能工艺决策专家系统具有以下特点：

以"逻辑推理+知识"为核心，致力于实现工艺知识的表达和处理机制，以及决策过程的自动化。采用人工智能原理与技术，能够解决复杂而专门的问题，突出知识的价值，具有良好的适应性和开放性。系统决策取决于逻辑合理性，以及系统所拥有的知识的数量和质量。系统决策的效率取决于系统是否拥有合适的启发式信息。

4. 智能数控技术

数控技术即数字化控制技术，是一种采用计算机对机械加工过程中的各种控制信息进行数字化运算和处理，并通过高性能的驱动单元，实现机械执行构件自动化控制的技术。而智能数控技术，是指数控系统或部件能够通过对自身功能结构的自整定（设备不断修正某些预先设定的值，以在短时间内达到最佳工作状态的功能）改变运行状态，从而自主适应外界环境参数变化的技术。

（1）智能数控技术的发展

数控技术和装备是制造业信息化的重要组成部分。自诞生以来，数控技术经历了电子管元器件数控、晶体管数控、集成电路数控、计算机数控、微型计算机数控、基于 PLC 的开放式数控等多个发展阶段，并将继续朝着智能数控的方向发展。

随着电子信息技术的发展，CPU（中央处理器）的控制与处理能力得到大幅提升，因此，数控装备如数控机床的动态与静态特性得到显著的提升，而智能数控加工技术也向高性能、柔性化和实时性方向发展。

智能制造时代层出不穷的新情况，诸如加工困难的新型材料、越来越复杂的机器零部件结构、越来越高的工艺质量标准以及绿色制造的要求等，都使智能数控技术面临全新的挑战。

（2）智能数控技术的组成

智能数控技术是智能数控装备、智能数控加工技术以及智能数控系统的统称。

①智能数控机床。智能数控机床是最具代表性的智能数控装备。智能数控机床技术包括智能主轴单元技术、智能进给驱动单元技术以及智能机床结构设计技术。

智能主轴单元包含多种传感器，比如温度传感器、振动传感器、加速度传感器、非接触式电涡流传感器、测力传感器、轴向位移测量传感器、径向力测量应变计、对内外全温度测量仪等，使得加工主轴具有精准的应力、应变数据。

智能进给驱动单元确定了直线电机和旋转丝杠驱动的合适范围以及主轴的运动轨迹，可以通过机械谐振来主动控制进给单元。

智能数控机床了解制造的整个过程，能够监控、诊断和修正生产过程中出现的各类偏差并提供最优生产方案。换句话说，智能机床能够收集、发出信息并进行思考和决策，因而能够自动适应柔性和高效生产系统的要求，是重要的智能制造装备之一。

②智能数控加工技术。智能数控加工技术包括自动化编程软件与技术、数控加工工艺分析技术以及加工过程及参数化优化技术。

③智能数控系统。智能数控系统是实现智能制造系统的重要基础单元，由各种功能模块构成。智能数控系统包括硬件平台、软件技术和伺服协议等。智能数控系统具有多功能化、集成化、智能化和绿色化等特征。

（3）智能数控技术的特点

智能数控技术集合了智能化加工技术、智能化状态监控与维护技术、智能化驱动技术、智能化误差补偿技术、智能化操作界面与网络技术等若干关键技术，具备多功能化、集成化、智能化、环保化的优势特征，必将成为智能制造不可或缺的"左膀右臂"。

四、智能制造服务

随着计算机和通信技术的迅猛发展，制造业也由传统的手工制造，逐渐迈入了以新型传感器、智能控制系统、工业机器人、自动化成套设备为代表的智能制造时代，智能制造服务因而越发受到重视。近年来，随着人工成本的提高及科技的快速发展，产品服务所产生的利润已经远远超过了制造产品本身。

通过融合产品和服务，引导客户全程参与产品研发等方式，智能制造服务能够实现制造价值链的价值增值，并对分散的制造资源进行整合，从而提高企业的核心竞争力。

（一）智能制造服务的定义

智能制造服务是指面向产品的全生命周期，依托于产品创造高附加值的服务。举例来说，智能物流、产品跟踪追溯、远程服务管理、预测性维护等都是智能制造服务的具体表现。

智能制造服务结合信息技术，能够从根本上改变传统制造业产品研发、制造、运输、销售和售后服务等环节的运营模式。不仅如此，由智能制造服务环节得到的反馈数据，还可以优化制造行业的全部业务和作业流程，实现生产力可持续增长与经济效益稳步提高的目标。

企业可以通过捕捉客户的原始信息，在后台积累丰富的数据，以此构建需求结构模型，并进行数据挖掘和商业智能分析。除了可以分析客户的习惯、喜好等显性需求外，还能进一步挖掘与客户时空、身份、工作生活状态关联的隐形需求，从而主动为客户提供精准、高效的服务。可见，智能制造服务实现的是一种按需和主动的智能，不仅要传递、反馈数据，更要系统地进行多维度、多层次的感知，以及主动、深入的辨识。

智能制造服务是智能制造的核心内容之一，越来越多的制造型企业已经意识到从生产型制造向生产服务型制造转型的重要性。服务的智能化既体现在企业如何高效、准确地挖掘客户潜在需求并实时响应，也体现为产品交付后，企业怎样对产品实施线上、线下服务，并实现产品的全生命周期管理。

在服务智能化的推进过程中，有两股力量相向而行：一股力量是传统制造企业不断拓展服务业务；另一股力量则是互联网企业从消费互联网进入产业互联网，并实现人和设备、设备和设备、服务和服务、人和服务的广泛连接。这两股力量的胜利会师，将不断激发智能制造服务领域的技术创新、理念创新、业态创新和模式创新。

（二）智能制造服务的未来发展

近些年来，人们的生活已经慢慢被智能产品所充斥，如智能手机、智能手表、智能眼镜，以及物联网下的智能家居等。智能制造的巨大浪潮与产业互联网的融合正在酝酿着崭新的商业模式，以期带来用户需求的颠覆与生活方式的变革。在未来，智能制造服务等新型行业必会得到广泛关注与发展。

未来，产品价值将最终会被服务价值所代替，每一个企业都该借助工业互联网的兴起和它日益完善的功能，在优化提升效率获取可观收益之后，创新服务模式，并且不断探索，为服务模式的创新奠定坚实的实践经验和数据基础。

对传统制造业企业来说，实现智能制造服务可从三个方向入手：一是依托制造业拓展生产性服务业，并整合原有业务，形成新的业务增长点；二是从销售产品向提供服务及成套解决方案发展；三是创建公共服务平台、企业间协作平台和供应链管理平台等，为制造业专业服务的发展提供支撑。

智能制造服务可以包含以下几类：产品个性化定制、全生命周期管理、网络精准营销与在线支持服务等；系统集成总承包服务与整体解决方案等；面向行业的社会化、专业化服务；具有金融机构形式的相关服务；大型制造设备、生产线等融资租赁服务；数据评估、分析与预测服务。

（三）智能制造服务技术

智能制造服务是世界范围内信息化与工业化深度融合的大势所趋，并逐渐成为衡量一个国家和地区科技创新和高端制造业水平的标志。而要实现完整的生产系统智能制造服务，关键是突破智能制造服务的基础共性技术，主要包括服务状态感知技术、网络安全技术和协同服务技术。

1. 服务状态感知技术

服务状态感知技术是智能制造服务的关键环节，产品追溯管理、预测性维护等服务都是以产品的状态感知为基础的。服务状态感知技术包括识别技术和实时定位系统。

（1）识别技术

识别技术主要包括射频识别技术、基于深度三维图像识别技术以及物体缺陷自动识别技术。基于三维图像物体识别技术可以识别出图像中有什么类型的物体，并给出物体在图像中所反映的位置和方向，是对三维世界的感知理解。结合了人工智能科学、计算机科学和信息科学之后，三维物体识别技术成为智能制造服务系统中识别物体几何情况的关键技术。

（2）实时定位系统

此系统能够实现多种材料、零件以及设备等的跟踪监控。这样，在智能制造服务系统中就需要建立一个实时定位网络系统，以实现目标在生产全程中的实时位置跟踪。

2. 信息安全技术

数字化技术之所以能够推动制造业的发展，很大程度上得益于计算机网络技术的广泛应用，但这也对制造工厂的网络安全构成了威胁。

在制造企业内部，工人越来越依赖于计算机网络、自动化机器和无处不在的传感器，而技术人员的工作就是把数字数据转换成物理部件和组件。制造过程的数字化技术支撑着产品设计、制造和服务的全过程，必须加以保护。不仅如此，在智能制造体系中，制造业企业从顾客需求开始，到接受产品订单、寻求合作生产、采购原材料或零部件、产品协同设计到生产组装，整个流程都通过互联网连接起来，网络安全问题将更加突出。

这其中涉及的智能互联装备、工业控制系统、移动应用服务商、政府机构、零售企业、金融机构等都有可能被网络犯罪分子攻击，从而造成个人隐私泄露、支付信息泄露或者系统瘫痪等问题，带来重大的损失。在这种情形下，互联网应用于制造业等传统行业，在产生更多新机遇的同时，也带来了严重的安全隐患。

想要解决网络安全问题，需要从以下两个方面入手：

①确保服务器的自主可控。服务器作为国家政治、经济、信息安全的核心，其自主化是确保行业信息化应用安全的关键，也是构筑中国信息安全长城不可或缺的基石。只有确保服务器的自主可控，满足金融、电信、能源等对服务器安全性、可扩展性及可靠性有严苛标准行业的数据中心和远程企业环境的应用要求，才能建立安全可靠的信息产业体系。

②确保 IT 核心设备安全可靠。目前，我国 IT 核心产品仍严重依赖国外企业，信息化核心技术和设备受制于人。只有实现核心电子器件、高端通用芯片及基础软件产品的国产化，确保核心设备安全可靠，才能不断把 IT 安全保障体系做大做强。

3. 协同服务技术

要了解协同服务技术，首先要了解什么是协同制造。

（1）协同制造

所谓协同制造指的是利用网络技术来实现供应链内及跨供应链间的企业产品设计、制造、管理和商务合作的技术。协同制造本质上是整合资源，实现共享、实现资源的合理利用。协同制造打破传统模式，最大限度地缩短了生产周期，能够快速响应客户的需求，提高了设计与生产的柔性。

按协同制造的组织分，协同制造分为企业内的协同制造（又称纵向集成）和企业间的协同制造。

按协同制造的内容分，协同制造又可分为协同设计、协同供应链、协同生产和协同服务。

（2）协同服务

协同服务是协同制造的重要内容之一。协同服务包括设备协作、资源共享、技术转移、成果推广和委托加工等模式的协作交互，通过调动不同企业的人才、技术、设备、信息和成果等优势资源，实现集群内企业的协同创新、技术交流和资源共享。

协同服务最大限度地减少了地域对智能制造服务的影响。通过企业内和企业间的协同服务，顾客、供应商和企业都参与到产品设计中，大大提高了产品的设计水平和可制造性，有利于降低生产经营成本，提高质量和客户满意度。

第二节　工业机器人的理论依据

智能制造离不开智能装备，而在未来，智能装备中应用得最广泛的即为工业智能机器人。工业机器人是集机械工程、控制工程、传感器、人工智能、计算机等技术为一体的自动化设备，它可以替代人执行特定种类的工作。目前，工业机器人已广泛应用于工业生产各个环节中，如物料运送、加工过程中的上下料、刀具的更换、零件的焊接、产品的装配检测等，对提高劳动生产率和产品质量、改善劳动条件起到了重要作用。

工业机器人的基本工作原理和机床相似，是由控制装置控制操作机上的执行机构实现各种所需的动作和提供动力。工业机器人是机器人的一种，它是一种能仿人操作、自动控制、可重复编程、能在三维空间完成各种作业的机电一体化的自动化生产设备，特别适合于多品种、变批量的柔性生产。

一、工业机器人的组成

工业机器人由三大部分六个子系统组成。三大部分是机械部分、传感部分和控制部分。六个子系统是机械结构系统、驱动系统、感知系统、机器人-环境交互系统、人机交互系统和控制系统，可用图6-2来表示。

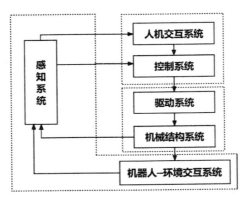

图6-2　工业机器人的组成

（一）机械结构系统

工业机器人的机械结构系统由基座、末端操作器、手腕、手臂组成。基座、末端操作器、手腕、手臂各有若干个自由度，构成一个多自由度的机械系统。

基座是工业机器人的基础部件，承受相应的载荷。基座分为固定式和移动式两类。若基座具备行走机构，则构成行走机器人；若基座不具备行走及回转机构，则构成单机器人臂（Single Robot Arm）。

末端操作器（End Effector）又称手部，是机器人直接执行任务，并直接与工作对象接触以完成抓取物体的机构。末端操作器既可以是像手爪或吸盘这样的夹持器，也可以是像喷漆枪、焊具等这样的作业工具，还可以是各种各样的传感器等。夹持器可分为机械夹紧、真空抽吸、液压夹紧、磁力吸附等。

手腕（Wrist）是连接手臂和末端执行器的部件，用以调整末端操作器的方位和姿态，一般具有 2~3 个回转自由度以调整末端执行器的姿态。

手臂（Manipulator）是支撑手腕和末端执行器的部件。它由动力关节和连杆组成，用以改变末端执行器的空间位置。

（二）驱动系统

驱动系统由驱动器、减速器、传动机构等组成，是用来为操作机各部件提供动力和运动的组件。驱动系统可以是液压传动、气动传动、电动传动，或者是它们的混合系统（如电-液混合驱动或气-液混合驱动等），也可以是直接驱动或者是通过同步带、链条、轮系、谐波齿轮等机械传动机构进行间接驱动。驱动系统是将电能、液压能、气能等转换成机械能的动力装置。

（三）感知系统

感知系统由内部传感器和外部传感器模块组成，用于获取内部和外部环境中有意义的信息。内部传感器可以对机器人执行机构的位置、速度和力等信息进行检测，而外部传感器可以获得机器人所在周围环境的信息。这些信息根据需要反馈给机器人的控制系统，与设定值进行比较后，对执行机构进行调整。智能传感器的使用提高了机器人的机动性、适应性和智能化的水平。工业机器人常用的传感器包括力、位移、触觉、视觉等传感器。

（四）机器人–环境交互系统

机器人–环境交互系统是实现工业机器人与外部环境中的设备相互联系和协调的系统。工业机器人与外部设备集成为一个功能单元，如加工制造单元、焊接单元、装配单元等。

（五）人机交互系统

人机交互系统是使操作人员参与机器人控制并与机器人进行联系的装置，常见的人机交互系统包括计算机的标准终端、指令控制台、信息显示板、危险信号报警器、示教盒等。

（六）控制系统

控制系统是工业机器人的核心部件，它通过各种控制电路硬件和软件的结合来操控机器人，并协调机器人与生产系统中其他设备的关系。

二、工业机器人的分类

（一）按机器人的坐标系分类

按机器人手臂在运动时所取的参考坐标系的类型，机器人可以分为直角坐标机器人、圆柱坐标机器人、球坐标机器人、关节坐标机器人和平面关节机器人。

1. 直角坐标机器人

这种机器人由 3 个线性关节组成，这 3 个关节用来确定末端操作器的位置，通常还带有附加的旋转关节，用来确定末端操作器的姿态。这种机器人结构简单，避障性好，但结构庞大，动作范围小，灵活性差。

图 6-3 所示的虚线为直角坐标机器人的工作空间示意图，它是一个立方体形状。

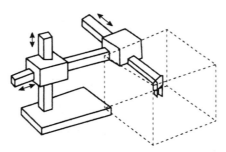

图 6-3　直角坐标机器人的工作空间示意图

2. 圆柱坐标机器人

圆柱坐标机器人由两个滑动关节和一个旋转关节来确定部件的位置,再附加一个旋转关节来确定部件的姿态。这种机器人灵活性较直角坐标机器人好,但结构庞大。

3. 球坐标机器人

这种机器的两个转动驱动装置容易密封,占地面积小,覆盖工作空间较大,结构紧凑,位置精度尚可,但避障性差,有平衡问题。球坐标机器人的工作空间范围呈球冠状。这种机器人较上述两种机器人结构紧凑,灵活性好,但精度稍差,且避障性差。

4. 关节坐标机器人

关节坐标机器人的关节全都是旋转的,类似于人的手臂,是工业机器人中最常见的结构。关节坐标机器人主要由立柱、大臂和小臂组成。这种机器人工作范围大、动作灵活、避障性好,但位置精度较低、有平衡问题、控制耦合比较复杂,目前应用越来越多。

5. 平面关节机器人

这种机器人可看成关节坐标机器人的特例,它只有平行的肩关节和肘关节,关节轴线共面。

(二) 按机器人的控制方式分类

1. 非伺服控制机器人

非伺服控制机器人工作能力有限,机器人按照预先编好的程序顺序进行工作,使用限位开关、制动器、插销板和定序器来控制机器人的运动。

2. 伺服控制机器人

伺服控制机器人比非伺服控制机器人有更强的工作能力。伺服系统的被控制量可为机器人手部执行装置的位置、速度、加速度和力等。

3. 按自动化功能层次分类

(1) 专用机器人

以固定程序在固定地点工作的机器人,其动作少,工作对象单一,结构简单,造价低,可在大量生产系统中工作。

(2) 通用机器人

具有独立的控制系统,动作灵活多样,通过改变控制程序能完成多种作业的机器人。

(3) 示教再现机器人

这是具有记忆功能、能完成复杂动作的机器人,它在由人示教操作后,能按示教的顺序、位置、条件与其他信息反复重现示教作业。

（4）智能机器人

具有各种感觉功能和识别功能，能做出决策自动进行反馈纠正的机器人，它采用计算机控制，依赖于识别、学习、推理和适应环境等智能，决定其行动或作业。

4. 按机器人的机构形式分类

（1）串联机器人

串联机器人是一种由装在固定机架上的开式运动链组成的机器人。所谓开式运动链是指一类不含回路的运动链，简称开链。由构件和运动副串联组成的开链称为单个开式链（Single Opened Chain，SOC），简称单开链。这类开式运动链机构，除应用于机器人、机械手外，还在其他领域如通用夹具、舰船雷达天线、导航陀螺仪等中得到应用。

由开式运动链所组成的机构称为开式链机构，简称开链机构。通常串联式机器人由单开链所组成。

（2）并联机器人

并联机器人是一种应用并联机构的机器人。并联机构广泛地应用于运动模拟器、并联机床和工业机器人等领域。由并联机构组成的并联机器人具有结构紧凑、刚度大、运动惯性小、承载能力大、精度高、工作范围广等优点，能完成串联机器人难以完成的任务。

第三节 工业机器人的系统控制

一、工业机器人的结构

工业机器人的机械结构（运动）本体是工业机器人的基础部分，各运动部件的结构形式取决于它的使用场合和各种不同的作业要求。工业机器人的结构类型特征，用它的结构形式和自由度表示；工业机器人的空间活动范围用它的工作空间来表示。工业机器人的结构主要是指由末端执行器、手腕、手臂和机座组成的机器人的执行机构。

（一）工业机器人的运动自由度

所谓机器人的运动自由度，是指确定一个机器人操作机位置时所需要的独立运动参数的数目，它是表示机器人动作灵活程度的参数。图 6-4 所示为由国家标准中规定的运动功能图形符号构成的工业机器人简图，其手腕具有回转角 θ_2 的一个独立运动，手臂具有回转运动 θ_1、俯仰运动 Φ 和伸缩运动 S 三个独立运动。这四个独立变化参数确定了手部中心位置与手部姿态，它们就是工业机器人的四个自由度。工业机器人的自由度数越多，其动作的灵活性和通用性就越好，但是其结构和控制就越复杂。

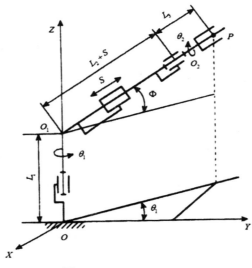

图 6-4　工业机器人简图

（二）机器人的工作空间与坐标系

所谓工作空间，是指机器人正常运行时，手腕参考点或者机械接口坐标系原点（图 6-5 中的 O_3 点）能在空间活动的最大范围，是机器人的主要技术参数之一。工业机器人的坐标系按右手定则决定，如图 6-5 中的 $X-Y-Z$ 为绝对坐标系，$X_0-Y_0-Z_0$ 为机座坐标系，$X_m-Y_m-Z_m$ 为机械接口（与末端执行器相连接的机械界面）坐标系。

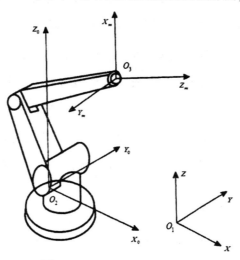

图 6-5　工业机器人的坐标系

（三）工业机器人的手臂

工业机器人的手臂（Manipulator）是由一系列的动力关节（Joint）和连杆（Link）组成的，是支撑手腕和末端执行器的部件，用以改变末端执行器的空间位置。通常，一个关节连接两个连杆，即一个输入连杆和一个输出连杆，机器人的力或运动通过关节由输入连杆传递给输出连杆，关节用于控制输入连杆与输出连杆间的相对运动。

工业机器人手臂关节通常可分为五种类型，其中两种为平移关节，三种为转动关节。这五种类型分别如下：

①L形关节（线性关节）：输入连杆与输出连杆的轴线平行，输入连杆与输出连杆间的相对运动为平行滑动。

②O形关节（正交关节）：输入连杆与输出连杆间的相对运动也是平行滑动，但输入连杆与输出连杆在运动过程中保持相互垂直。

③R形关节（转动关节）：输入连杆与输出连杆间做相对旋转运动，而旋转轴线垂直于输入和输出连杆。

④T形关节（扭转关节）：输入连杆与输出连杆间做相对旋转运动，但旋转轴线平行于输入和输出连杆。

⑤V形关节（回转关节）：输入连杆与输出连杆间做相对旋转运动，旋转轴线平行于输入连杆而垂直于输出连杆。

由上述五种类型的工业机器人手臂关节进行不同的组合，可以形成多种不同的工业机器人结构配置。在实际应用中，为了简化，商业化的工业机器人通常仅采用下列五种结构配置之一，这五种配置正好是按坐标系划分的机器人分类。

①极坐标结构：由T形关节、R形关节和L形关节配置组成。

②圆柱坐标结构：由T形关节、L形关节和O形关节配置组成。

③直角坐标结构：由一个L形关节和两个O形关节配置组成。

④关节坐标结构：由一个T形关节和两个R形关节配置组成。

⑤SCARA结构：由V形关节、R形关节和O形关节配置组成。

（四）工业机器人的手腕

工业机器人的手腕是连接手臂和末端执行器的部件，用以调整末端执行器的方位和姿态，通常由2个或3个自由度组成。图6-6给出了一个3个自由度机器人手腕的典型配置，组成这 3 个自由度的 3 个关节分别被定义如下：

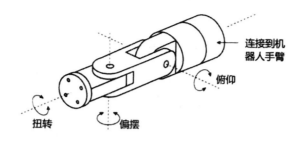

图 6-6　典型的工业机器人手腕

①扭转（Roll）：应用一个 T 形关节来完成相对于机器人手臂轴的旋转运动。

②俯仰（Pitch）：应用一个 R 形关节来完成上下旋转摆动。

③偏摆（Yaw）：应用一个 R 形关节来完成左右旋转摆动。

值得注意的是，SCARA 机器人是唯一不需要安装手腕的机器人。

为了完整表示工业机器人的手臂及手腕结构，有时采用"手臂关节：手腕关节"的符号化形式来对其进行表示，如"TLR：TR"就表示了一个具有 5 个自由度机器人的手臂手腕结构，其中 TLR 代表手臂是由一个扭转关节（T）、一个线性关节（L）和一个转动关节（R）组成的，TR 代表手腕是由一个扭转关节（T）和一个转动关节（R）组成的。

（五）末端操纵器

末端操纵器是连接在机器人手腕上的用于机器人执行特定工作的装置，又称手部。由于工业机器人所能完成的工作非常广泛，末端操纵器很难做到标准化，因此在实际应用当中，末端操纵器一般都是根据其实际要完成的工作进行定制。常见的末端操纵器有抓取器和工具两种。

1. 抓取器

顾名思义，抓取器是工业机器人在工作循环中用来抓取工件或物体，将其从一个位置移动到另一个位置的工作装置。

（1）夹持式抓取器

夹持式抓取器通常由两个或更多的手指组成，通过机器人控制器控制手指的开合来抓取工件或物体。机械手根据夹持方式，分为内撑式和外夹式两种。根据手指的运动方式，分为移动式和回转式两种。根据手指的多少，分为两手指和多手指两种。

（2）吸附式抓取器

吸附式抓取器有气吸式和磁吸式两种。气吸式抓取器是通过抽空与物体接触平面密封型腔的空气而产生的负压真空吸力来抓取和搬运物体的。磁吸式抓取器是通过通电产生的电磁场吸力来抓取和搬运磁性物体的。

①气吸式抓取器由吸盘、吸盘架和气路组成，用于吸附平整光滑、不漏气的各种板材和薄壁零件。吸盘内腔负压产生的方法主要有挤压排气式、真空泵排气式和气流负压式。挤压排气式是靠外力将皮碗压向被吸物体表面，吸盘内腔空气被挤出去，形成吸盘内腔负压，从而吸住物体。这种方式所形成的吸力不大，而且也不可靠。真空泵排气式是靠真空泵将吸盘内空气抽出，形成吸盘内腔负压，从而吸住物体。气流负压式是气泵的压缩空气通过喷嘴形成高压射流，吸盘内的高压空气被带走，在吸盘内腔形成负压，吸盘吸住物体。

②磁吸式抓取器是用接通或切断电磁铁电流的方法来吸、放具有磁性的工件。磁吸式抓取器采用的电磁铁有交流电磁铁和直流电磁铁两种。交流电磁铁吸力有波动，有噪声和涡流损耗。直流电磁铁吸力稳定，无噪声和涡流损耗。

2. 工具

工业机器人使用工具主要完成一些加工和装配工作，包括点焊枪、弧焊枪、喷涂枪以及用于钻削、磨削的主轴和类似操作的工具，水流喷射切割等特种加工的工具，自动螺丝刀等。

二、工业机器人的驱动系统

（一）工业机器人对驱动系统的要求

工业机器人对驱动系统的要求主要包括以下方面：

①驱动系统的结构简单、重量轻，单位重量的输出功率高，效率高。

②响应速度快，动作平滑，不产生冲击。

③控制灵活，位移和速度偏差小。

④安全可靠，操作和维护方便。

⑤绿色、环保，对环境负面影响小。

（二）工业机器人的驱动方式

1. 机械式驱动方式

机械式驱动系统有可靠性高、运行稳定、成本低等优点，但也存在重量大、动作平滑性差和噪声大等缺点。图6-7所示是一种有2个自由度的机械驱动手腕，电动机安装在大臂上，经谐波减速器用两个链传动将运动传递给手腕轴10上的链轮4、5。链条6将运动经链轮4、轴10、锥齿轮9和11带动轴14做旋转运动，实现手腕的回转运动（θ_1）；链条7将运动经链轮5直接带动手腕壳体8做旋转运动，实现手腕的上下仰俯摆动（β）。当链条6静止不动，链条7单独带动链轮5转动时，由于轴10不动，转动的手腕壳体8将迫使锥齿轮11做行星运动，即锥齿轮11随手腕壳体8做公转（β），同时绕轴14做自转运动（θ_2）。则$\theta_2 = u\beta$，其中u为齿轮9、11的传动比。因此，当链条6、7同时驱动时，手腕的回转运动是$\theta = \theta_1 \pm \theta_2$，链轮4的转向与链轮5转向相同时为"－"，相反时为"＋"。

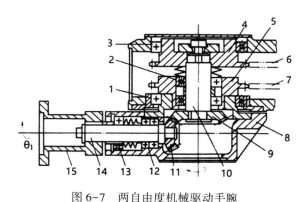

图6-7 两自由度机械驱动手腕

1、2、3、12、13-轴承 4、5-链轮 6、7-链条 8-手腕壳体 9-锥齿轮 10、14-轴 15-机械接口法兰盘

2. 液压驱动方式

液压驱动是以液压油作为工作介质、以采用线性活塞或旋转的叶片泵作为驱动器的驱动方式。

液压传动的机器人具有很大的抓取能力，可高达上百千克，油压可达7 MPa。

3. 气动驱动方式

气压驱动系统的基本原理与液压式相同，但传递介质是气体。气压驱动的机器人结构简单、动作迅速、价格低廉，但由于空气具有可压缩性，导致工作稳定性差；气源压力一般为0.7 MPa，因此抓取力小，只有几千克到几十千克。

三、工业机器人的控制技术

工业机器人的控制系统是工业机器人的指挥系统，它控制驱动系统使执行机构按照要求工作，因此，控制系统的性能直接影响机器人的整体性能。

工业机器人控制系统的构成形式取决于机器人所要执行的任务及描述任务的层次。控制系统的功能是根据描述的任务代替人完成这些任务，通常需要具有如图 6-8 所示的控制机能。

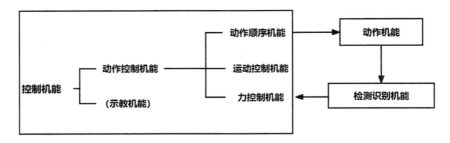

图 6-8　工业机器人的控制机能

工业机器人是一个多自由度的、本质上非线性的，同时又是耦合的动力学系统。由于其动力学性能的复杂性，实际控制系统中往往要根据机器人所要完成的作业做出若干假设并简化控制系统。其控制实际上包含"人机接口""命令理解""任务规划""动作规划""轨迹规划生成"和"伺服控制""电流/电压控制"等多个层次。

（一）工业机器人的位置伺服控制

位置控制主要是控制末端操纵器的运动轨迹及其位置，即控制末端操纵器的运动，而末端操纵器的运动又是机器人手臂各个关节运动的合成来实现的，因此必须考虑末端操纵器的位置、姿态与各关节位移之间的关系。

机器人的位置伺服控制，基本上可以分为关节伺服控制和坐标伺服控制两种。

1. 关节伺服控制

关节伺服控制主要应用于非直角坐标机器人，如关节机器人，机器人每个关节都具有相似的控制回路，每个关节可以独立构成伺服系统，这种关节伺服系统把每一个关节作为单纯的单输入单输出系统来处理，结构简单。但严格来说，每个关节并不是单输入单输出的系统，惯性和速度在关节间存在着动态耦合。

2. 坐标伺服控制

将末端位置矢量作为指令目标值所构成的伺服控制系统，成为作业坐标伺服系统。这种伺服控制系统是将机器人手臂末端位置姿态矢量固定于空间内某一个作业坐标系（通常是直角坐标系）来描述的。

（二）工业机器人的力控制

在进行装配或抓取物体等作业时，工业机器人的末端操纵器与环境或作业对象的表面接触，除了要求准确定位之外，还要求使用适当的力或力矩进行工作，这时就要采取力（力矩）控制方式。力（力矩）控制是对位置控制的补充，这种控制方式的控制原理与位置伺服控制原理基本相同，只不过输入量和反馈量不是位置信号，而是力（力矩）信号，因此，系统中需要有力传感器。

（三）工业机器人的速度控制

对工业机器人的运动控制来说，在位置控制的同时，还要进行速度控制。为了实现这一要求，机器人的行程要遵循一定的速度变化曲线。由于工业机器人是一种工作负载多变、惯性负载大的运动机械，要处理好快速与平稳的矛盾，必须控制启动加速和停止前减速这两个过渡运动区段。

（四）工业机器人的先进控制技术

机器人先进控制技术目前应用较多的有自适应控制、模糊控制、神经网络控制等。

1. 机器人示教再现控制

机器人的示教再现控制是指控制系统可以通过示教操纵盒或"手把手"地将动作顺序、运动速度、位置等信息用一定的方法预先教给机器人，由机器人的记忆装置将这些信息自动记录在随机存取存储器（RAM）、磁盘等存储器中，当需要再现时，重放存储器中的信息内容。如需要改变作业内容，只须重新示教一次即可。

2. 机器人的运动控制

机器人的运动控制是指在机器人的末端执行器从一点到另一点的过程中，对其位置、速度和加速度的控制。由于机器人末端执行器的位置是由各关节的运动产生的，因此，对其进行运动控制实际上是通过控制其关节运动来实现的。

3. 机器人的自适应控制

自适应控制是指机器人依据周围环境所获得的信息来修正对自身的控制，这种控制器配有触觉、听觉、视觉、力、距离等传感器，能够在不完全确定或局部变化的环境中，保持与环境的自动适应，并以各种搜索与自动导引方式执行不同的循环作业。

第四节　工业机器人的应用

自从世界上第一台工业机器人诞生以来，机器人产业就以惊人的生命力迅速发展，直接推动了传统制造业的深刻变革。今天，这种变革正在向新经济时代的制造业进一步蔓延和渗透。在智能制造体系中，工业机器人是支撑整个系统有序运作必不可少的关键硬件。人机协作、机器换人等方式将加速生产过程的柔性化进程，解放劳动力，改变生产模式。

一、搬运机器人及其应用

在柔性制造中，机器人作为搬运工具获得了广泛的应用，搬运机器人主要完成物料的传送工作和机床上、下料工作。教学型 FMS 由 1 台 CNC 车床、1 台 CNC 铣床、立体仓库、传送轨道、有轨小车、包装站及 2 台关节机器人组成。2 台机器人在 FMS 中服务，机器人 ER9 服务于 2 台 CNC 机床和传送带之间，为 CNC 车床和 CNC 铣床装卸工件，机器人 ER 5 位于传送轨道和包装站之间，负责将加工完的工件从有轨小车上卸下并送到包装站，工件将在包装站进行包装。

龙门式布局的移动式搬运机器人，两台移动式搬运机器人能在空架导轨上行走，服务于传送带和数控机床之间，为数控机床装卸工件。机器人沿着空架导轨行走，活动范围大。

二、装配机器人及其应用

装配机器人是柔性自动化装配工作现场中的主要部分。它可以在 2 s 至几分钟的时间里搬送质量从几克到 100 kg 的工件。装配机器人有至少 3 个可编程的运动轴，经常用来完成自动化装配工作。装配机器人也可以作为装配线的一部分按一定的节拍完成自动化装配。

随着机器人智能化程度的提高，装配机器人已可以实现对复杂产品的自动装配。图 6-9 所示为直流伺服电动机的某装配工段，图 6-9 中有 1 台负载能力较大的搬运机器人和 3 台定位精度较高的装配机器人。该装配工段的装配操作如下：

①把油封和轴承装配到转子上，装上端盖。

②安装定子，插入紧固螺栓。

③装入螺母和垫圈，并把它们旋紧。

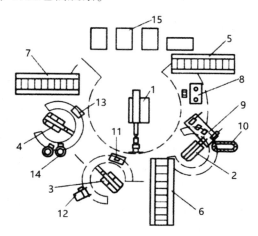

图6-9 带有机器人的装配系统

1-搬运机器人 2、3、4-装配机器人 5、6、7-传送带 8-缓冲站 9、11、

13-装配工作台 10-圆盘传送带 12-螺栓料仓 14-振动料槽 15-控制器

为完成上述装配操作，首先，搬运机器人1把转子从传送带6搬运到第一装配工作台9上，装配机器人2把轴承装配到转子上，利用压床把轴承安装到位，接下来对油封重复上述操作；搬运机器人1把转子组件送到缓冲站8，从第二装配工作台11送上端盖到压床台面，搬运机器人1把转子组件置入端盖，利用压床把端盖装配到位。然后，搬运机器人1把定子放到转子外围，并把电动机装配组件送到第二装配工作台11上，用装配机器人插入4个螺栓。最后在第三装配工作台13上安装好螺母和垫圈，并紧固好4个螺母，搬运机器人1把在本段装配好的电动机放到传送带上，传送带把电动机传送到下一个工段。

三、焊接机器人及其应用

通常，焊接机器人是在通用工业机器人的基础上，通过为通用工业机器人安装专用的末端操作器（焊枪），并配置焊接所需要的焊接电源（包括其控制系统）、送丝机（弧焊）、焊枪（钳）等部分组成的。对于智能机器人还应有传感系统，如激光或摄像传感器及其控制装置等。

焊接机器人本体的机械结构主要有两种形式：一种为平行四边形结构，另一种为侧置式（摆式）结构。侧置式（摆式）结构的主要优点是上、下臂的活动范围大，使机器人的工作空间几乎能达一个球体。平行四边形机器人不仅适合于轻型也适合于重型机器人。近年来，点焊机器人大多采用平行四边形结构。

四、喷涂机器人及其应用

喷涂机器人又称喷漆机器人（Spray Painting Robot），是可进行自动喷漆或喷涂其他涂料的工业机器人。

喷涂机器人能够避免工人的健康受到伤害，并能提高喷涂质量和经济效益，在喷涂作业中应用日趋广泛。由于喷涂机器人具有编程和示教再现能力，因此它可适应各种喷涂作业。

在大型自动化制造系统中，多台喷涂机器人通常被用来组成自动化喷涂生产线。

通用型机器人自动线适合较复杂型面的喷涂作业，适合喷涂的产品可从汽车工业、机电产品工业、家用电器工业到日用品工业。

由机器人与喷涂机组成的喷涂自动线一般用于喷涂大型工件，即大平面、圆弧面及复杂型面结合的工件，如汽车驾驶室、车厢或面包车等。

仿形机器人自动线适合箱体零件的喷涂作业，喷涂质量最高，工作可靠，但不适合型面较复杂零件的喷涂。

典型的组合式喷涂自动线车体的外表面采用仿形机器人喷涂，车体内喷涂则采用通用型机器人，并完成开门、开盖、关门、关盖等辅助工作。

机器人喷涂自动线的结构根据喷涂对象的产品种类、生产方式、输送形式、生产纲领及油漆种类等工艺参数确定，并根据其生产规模、生产工艺和自动化程度设置系统功能。

参考文献

［1］ 汪哲能，谢利英．现代制造技术概论［M］．第2版．北京：机械工业出版社，2023．

［2］ 马冬宝，张赛昆．自动化生产线安装与调试［M］．北京：机械工业出版社，2023．

［3］ 宋艳芳．机械设计制造及其自动化专业五育融合课程双创教学指南［M］．北京：经济科学出版社，2023．

［4］ 任小中．机械制造装备设计［M］．第3版．武汉：华中科学技术大学出版社，2023．

［5］ 万宏强．机械制造技术基础［M］．北京：机械工业出版社，2023．

［6］ 陈慧敏，张静．人机界面组态与应用技术［M］．北京：机械工业出版社，2023．

［7］ 刘敏，鄢锋．人机物共融制造模式与应用［M］．北京：化学工业出版社，2023．

［8］ 李建军．材料力学［M］．第3版．西安：西安电子科学技术大学出版社，2022．

［9］ 崔井军，熊安平，刘佳鑫．机械设计制造及其自动化研究［M］．长春：吉林科学技术出版社，2022．

［10］ 韩建海．工业机器人［M］．第5版．武汉：华中科学技术大学出版社，2022．

［11］ 赵志明．理论力学［M］．第3版．西安：西安电子科学技术大学出版社，2022．

［12］ 李妙玲，武亚平．机械工程材料［M］．西安：西安电子科学技术大学出版社，2022．

［13］ 彭芳瑜，唐小卫．数控技术［M］．第2版．武汉：华中科学技术大学出版社，2022．

［14］ 郑魁敬，姚建涛．机器人自动化集成系统设计及实例精解（NX MCD）［M］．北京：化学工业出版社，2022．

［15］ 胡耀华，梁乃明．数字化产品设计开发（上）［M］．北京：机械工业出版社，2022．

［16］ 陈艳芳，邹武，魏娜莎．智能制造时代机械设计制造及其自动化技术研究［M］．中国原子能出版传媒有限公司，2022．

［17］ 连潇，曹巨华，李素斌．机械制造与机电工程［M］．汕头：汕头大学出版社，2022．

［18］雷卫东．柔性加工时间自动化制造单元调度理论与方法［M］．北京：机械工业出版社，2022．

［19］赵云伟，刘元永．机电一体化技术与实训知识技能模块化学习手册［M］．北京：机械工业出版社，2022．

［20］王道林，吴修娟．机械制造工艺学［M］．北京：机械工业出版社，2021．

［21］鲁植雄．机械工程学科导论［M］．北京：机械工业出版社，2021．

［22］金晓华．机械制造技术基础［M］．北京：机械工业出版社，2021．

［23］刘静，朱花，于双洋．机械设计基础案例教程［M］．重庆：重庆大学出版社，2021．

［24］曹占龙，任柏林．机械制图习题集［M］．重庆：重庆大学出版社，2021．

［25］卞洪元．机械制造工艺与夹具［M］．第3版．北京：北京理工大学出版社，2021．

［26］杨贵超．机械制造自动化系统（双语版）［M］．北京：化学工业出版社，2021．

［27］喻洪平．机械制造技术基础［M］．重庆：重庆大学出版社，2021．

［28］肖维荣，齐蓉．装备自动化工程设计与实践［M］．第2版．北京：机械工业出版社，2021．

［29］易力力．机械精度检测实验指导［M］．重庆：重庆大学出版社，2021．

［30］程宪平，杨叔子．机电传动与控制［M］．第5版．武汉：华中科学技术大学出版社，2021．

［31］陈明，张光新，向宏．智能制造导论［M］．北京：机械工业出版社，2021．

［32］张仁朝．电工电子实训［M］．成都：西南交通大学出版社，2021．

［33］杨明涛，潘洁．机械自动化技术与特种设备管理［M］．汕头：汕头大学出版社，2021．

［34］吴拓．机械制造工程［M］．第4版．北京：机械工业出版社，2021．